和ごころ、こと始め。

日本のたしなみ帖

Japanese sweets

和菓子

手のひらに甘美な季節

Can you introduce the charm of Japan?

自由国民社

はじめに

手のひらにのるほどの小さな世界に、四季をあざやかに表す和菓子。和菓子は元禄時代の京都で、茶席とともに大きく発展しました。当時、貴重な白砂糖をたっぷり使った甘いお菓子はとても贅沢なものでした。また芸術的な意匠と菓銘は、自然を慈しみ、文学を愉しむ心を共有し、お客との一期一会を彩る大切なコミュニケーションツールでもありました。

時代がかわってもそれは同じです。慌ただしい日常に句読点をうつように、一服のお茶と和菓子は季節の移ろいを気づかせてくれます。誰かと一緒なら、その愛らしい姿をきっかけに会話がはずむでしょう。そして何より、やさしいあんの甘みは心をほっとさせてくれます。

第一章では上生菓子ならではの美しい意匠と菓銘を紹介、第二章では和菓子の歴史をたどります。第三章で素材や製法から美味しさの理由を探り、最終章では「○○といえばあの店」という定番和菓子の名店もご案内します。やさしく繊細な心を映した和菓子の魅力を知って、ぜひ日々の暮らしに取り入れていただければ幸いです。

Introduction

Traditional Japanese confections (wagashi) give brilliant expression to the country's seasons, all in a world small enough to fit in the palm of your hand.

Traditional sweets experienced their greatest development in Kyoto during the Genroku era (1688-1704) in conjunction with the tea ceremony. In those days, confections using copious amounts of precious sugar were quite the extravagance; furthermore, the artistic designs and symbolic names functioned as a valuable tool for communication for coloring uniquely precious meetings with a guest. Though the times may have changed, the sentiment remains the same. Like adding punctuation marks to bustle of everyday experience, a break for tea and traditional sweets makes us aware of the season going by. A conversation when you're with someone that gives you the chance to see what you like about them will brighten the day up. And more than anything, the gentle sweetness of an—the bean paste central to traditional Japanese sweets—puts hearts at ease.

Chapter 1 introduces some of the beautiful designs and symbolic names used with traditional unbaked cakes and sweets. Chapter 2 follows with a history of traditional Japanese confections. In Chapter 3, we delve into the reasons why the ingredients and recipes produce the resulting flavorfulness, while the concluding chapter introduces certain confectioneries so famed for certain staple sweets that people cite them as the place to go for their speciality confection. We hope that you will come to know the appeal of these traditional Japanese sweets that gently reflect a delicate spirit and incorporate them into your daily lives.

目次　和菓子

第四章

手土産・おやつ案内　覚えておきたい逸品……101

第一章

和菓子があらわすもの

意匠と菓銘

花衣《はなごろも》

淡いピンクのういろう生地を、空気を包むようにたたんで、はらはらと舞う桜の花びらを表現。春の風を感じさせます。

塩野〈3月5日〜4月20日〉

吉野山《よしのやま》

桜の名所・奈良の吉野山の華やぎを立体的に。練切あんに木型を三方向から押して生まれる不定形の美です。

さゝま〈3月25日〜4月24日〉

＊カッコは販売期間。◎が付いたものは定番商品でないため販売のない年もあります。
＊お菓子の説明はP64〜67もご参照ください。
＊店舗情報はP27・28、P122〜125。

花菖蒲

はなしょうぶ

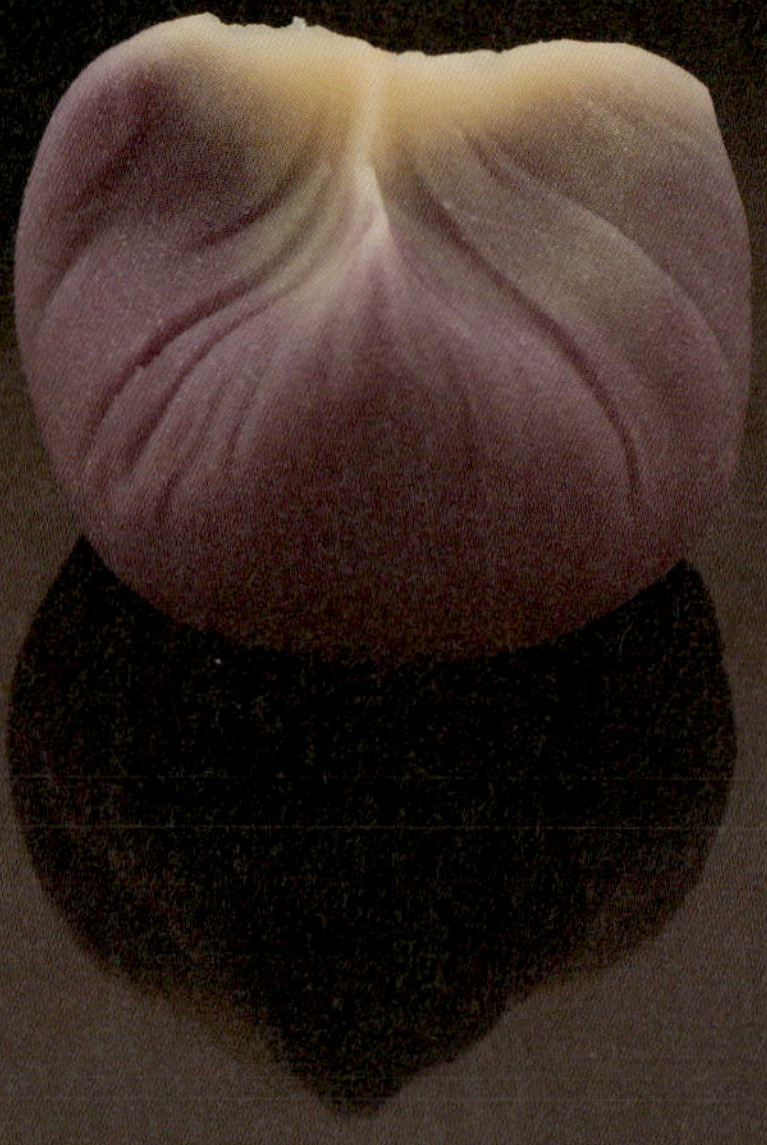

大ぶりで艶やかなアヤメ科の菖蒲。紫と白のこなしを茶巾で絞り、気品に満ちた造形に仕上げました。
鶴屋吉信〈4月中旬～5月上旬〉

小さな世界に込められた日本人のこころの風景

ここに紹介しているのは茶席でいただく上生菓子（上菓子、主菓子とも）と呼ばれるもの。江戸中期、元禄の頃から、茶席をより味わい深いものにするため、デザイン（意匠）や名前（菓銘）に工夫を凝らし発展してきました。あらわすものは四季の風物、和歌や歴史、祈りなどさまざま。茶席の亭主と菓子職人が、季節やお客をイメージして共に作り上げた美しい和菓子には、日本人の豊かな情感が映し出されているのです。

ほととぎすの落とし文《おとしぶみ》

秘密の手紙を道に落としてこっそり相手に渡す「落とし文」。江戸の風流人は、くるりと巻いた葉をほととぎすが落とした文に見立てたそうです。

末富〈5月中旬～下旬〉

伊勢物語の和歌〝からごろも　きつつ馴れにし　つましあれば　はるばるきぬる　たびをしぞ思う〟。枕詞を菓銘に、各句の初めに詠み込まれた「かきつばた」の意匠で。

末富〈5月初旬〜6月初旬〉

唐衣

からごろも

紫陽花

あじさい

雨に濡れるみずみずしい姿を、さいの目の半錦玉と泡雪で表しました。創造性あふれるモダンな意匠。
さゝま〈5月20日~7月7日〉

みぞれ羹

みぞれかん

道明寺羹が冬に降るみぞれを思わせ、目にも涼しげ。冷やしすぎずに井戸水の温度（18℃）でいただきます。

さゝま〈6月25日～8月24日〉

着せ綿

きせわた

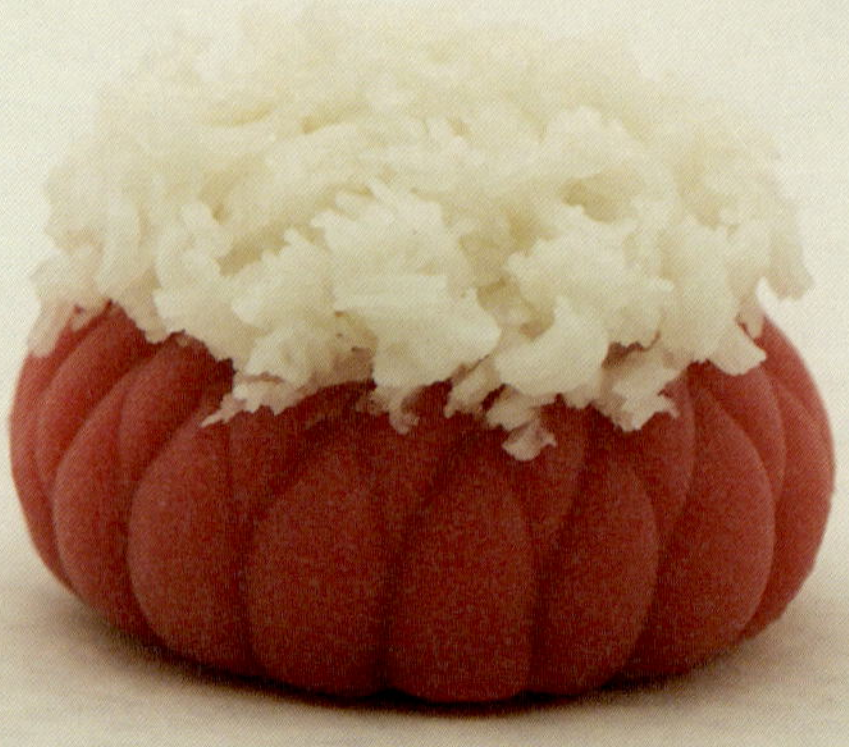

菊の花にかぶせて夜露を移した真綿で、翌朝顔を拭いて邪気を払う。そんな「重陽の節句」にちなんだもの。

塩野〈9月1日～20日〉

光琳菊

こうりんぎく

元禄屈指の絵師、尾形光琳の美意識を反映。装飾をそぎ落とし、はんなりとした円で菊を表しています。

末富〈9月初旬〜10月下旬〉

和菓子のメッセージを聞き
作り手との対話を愉しむ

お店に並ぶ上生菓子は、半月からひと月で次々と変わっていき、同じモチーフでも、お店によってそれぞれ表情が違います。練切《ねりきり》かこなしか、具象か抽象か、また茶巾、きんとんといった作り方の違い……。菓銘と併せて、そのお菓子が伝えるメッセージに想像をふくらませるのは上生菓子ならではの知的な遊びです。そして肝心なのは美味しくいただくこと。あん一つとってもお店ごとに個性があります。中にどんなあんが入っている？　食感や甘さは？　そんな作り手との心の中での対話も愉しみのひとつかもしれません。

月兎《つきうさぎ》

豊穣を祝う中秋の名月にちなんだ薯蕷饅頭。うさぎがお月様で餅つきしている愛らしい姿が目に浮かぶよう。

鶴屋吉信〈9月上旬～下旬〉

嵯峨野《さがの》

名月で知られる京都・嵯峨野の原にほっこりと浮かぶ満月を黄身しぐれで。すすきが郷愁を誘います。

鶴屋吉信〈8月中旬～9月中旬〉

綾錦

あやにしき

紅葉の美しさを雅やかな菓銘に。赤、黄、緑のきんとんで、さまざまな木々が織りなす秋の山の華やぎを描きます。

鶴屋吉信〈10月中旬〜11月中旬〉

富貴寄せ《ふきよせ》

風に吹き寄せられてきた木の葉や実。
偶然の美しさに目を留め、心を寄せることの豊かさに気づかされます。

末富〈10月中旬〜11月中旬〉

落葉《おちば》

白と黄の湿粉製（村雨）と羊羹製（こなし）の生地に、舞い散る葉を小豆で表し、冬の到来を予感させます。

とらや〈11月頃◎〉

雪餅《ゆきもち》

雪のように真っ白な、つくね芋仕立てのきんとん。中には月明かりをイメージした黄色の餡が。つくね芋が旬の時季だけのお楽しみ。

とらや〈11～2月頃◎・特別注文品〉

柚子皮入りの薯蕷饅頭は、色や形、香りまで本物と見間違うよう。粋な遊びに思わず笑みがこぼれます。

塩野〈9～4月〉

柚子饅頭

ゆずまんじゅう

霜紅梅

しもこうばい

うっすら霜をかぶった梅の花に、春を待つ気持ちを託す……。シンプルを極めた凛々しいフォルムです。

とらや〈1月頃◎〉

掲載店

（五十音順）

＊価格は税込。
＊問い合わせ先はＰ１２２～１２５。

東京・神保町

御菓子処　さゝま

昭和6年創業。独学で菓子作りを学んだという初代は浅草生まれの大正モダンボーイで、「紫陽花」（P14）をはじめ創造性あふれるお菓子を数々残しました。その父親譲りの、シンプル好みな江戸の粋を受け継ぐ二代目ご主人の笹間芳彦さんは「京都の真似はしない」ときっぱり。東京の茶人に強い支持を得る、しっかりと甘いあんにこだわったシックな上生菓子のほか、香ばしい皮にとろけるようなこしあんを詰めた「松葉最中」などの銘菓も見逃せません。上生菓子はすべて３４０円。

東京・赤坂

御菓子司　塩野

昭和22年創業。花街・赤坂の歴史を見つめながら路地にひっそりたたずむ名店。皇室関係や政財界にも贔屓をもち、場所柄、大福やどら焼きを手土産に買い求めるビジネスマンの姿も。今も毎朝5時から板場に立つ二代目ご主人・髙橋博さんのお菓子は、「花衣」（P８）に代表されるやさしく落ち着いたたたずまいで、季節の風が感じられると評判です。半月から1ヵ月ごとに入れ替わる上生菓子は常時12～15種並び、そのうち1～2点は新作です。上生菓子３７０円～。

京都・五条

京菓子司　末富

明治26年、老舗の「亀末廣」より暖簾分けして創業。寺院や各茶道家元とのお付き合いが深く、いまも茶席ごとの注文に応えるオーダーメイドを基本とする一方、「うすべに」「野菜煎餅」などの干菓子は贈答品として一般の人にもよく知られています。東京では髙島屋日本橋店・新宿店に販売店があり、週2回（夏期は1回）、京都本店から運ばれる蒸菓子（上生菓子）が購入可能。あえて無造作に作ることで優雅さを醸し出す、そんな京菓子の真髄にふれられます。蒸菓子486円～。

京都・西陣

京菓匠　鶴屋吉信

京菓子文化が成熟した文化文政期の享和3（1803）年に創業。家訓の「ヨキモノを創る」を社是に、材料、手間、ひまを惜しまぬ菓子作りに努めています。古くから京菓子の魅力発信に積極的に取り組み、京都本店とCOREDO室町3の東京店では、菓子職人が目の前で作るできたての上生菓子をいただける菓遊茶屋を併設し、好評を得ています。手土産に絶大な人気を誇るもっちりとした焼菓子「つばらつばら」や「柚餅」「京観世」など、ロングセラーの代表銘菓も揃っています。上生菓子432円。

東京・赤坂

とらや

京都で創業し、16世紀末より御所の御用を勤める日本を代表する和菓子屋。店に伝わる菓銘はこれまでに約3000種を数え、江戸時代に創案されたお菓子が今もごく普通に店に並ぶところに底力と心意気を感じます。「虎屋文庫」という和菓子に関する資料収集・研究を専門に行う部門もあり、また、1980年にパリ店、03年に六本木ヒルズにTORAYA CAFEをオープンするなど、従来の和菓子の枠にとらわれない試みは業界の先駆的存在でもあります。生菓子454円～。

第二章

歴史と歳時記

和菓子を学ぶ

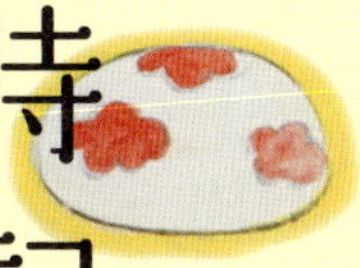

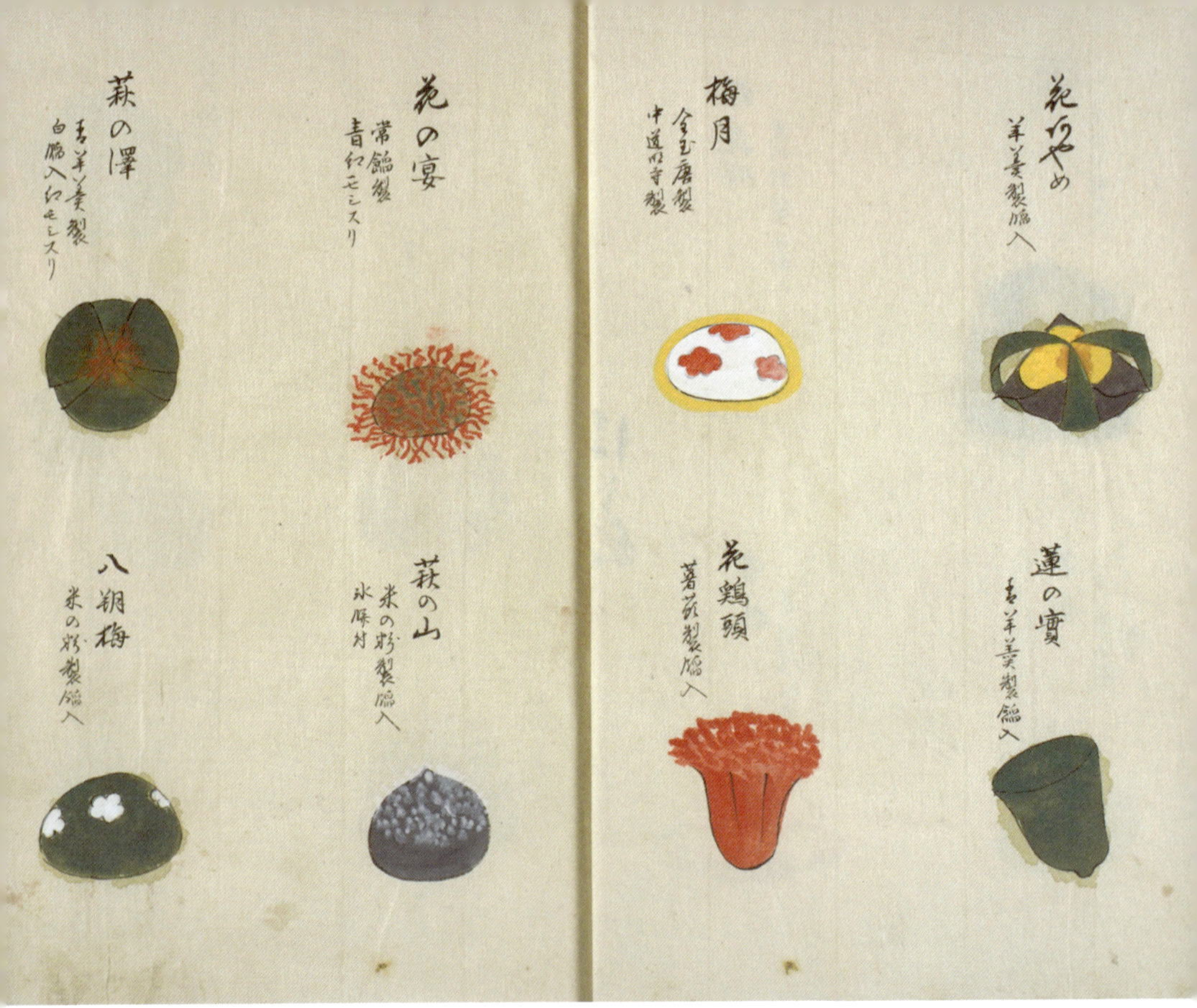

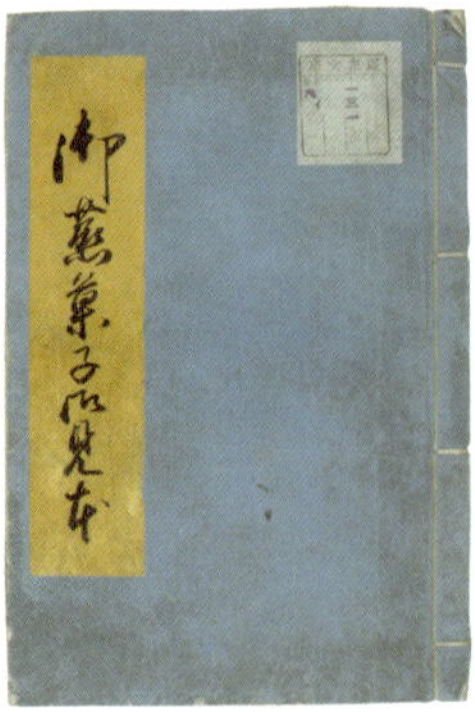

美しい上菓子が描かれた「御蒸菓子御見本」。徳川家御用達の菓子屋（店名不明）の商品カタログで19世紀のもの。所蔵：名古屋市蓬左文庫

和菓子の来た道

和菓子のはじまりは果物
餅や団子はもう一つの原点

文＝青木直己（虎屋文庫顧問）

いま私たちが和菓子と聞いて思い浮かべる菓子はどのようにして生まれたのでしょうか。かつて菓子は果子とも書き、栗や柿、アケビやイチゴといった果物や木の実のことを指していました。その名残が果物を指す「水菓子」という言葉です。また今日でいう和菓子とは、人の手が加わった「加工食品」ですが、その原点は米や麦などの穀物から作る餅や団子です。奈良時代の正倉院文書には、餅に小豆や大豆を加えた小豆餅《あずきもちい》・大豆餅《まめもちい》の文字が見られます。

こうした原初的な菓子に加え、奈良・平安時代に中国から唐菓子《とうがし》がもたらされます。唐菓子とは小麦粉などの材料を油で揚げて甘みをつけたものでさまざまな形があり、宮中や寺院だけでなく平安京の東西の市でも売られていました。やがて日本化して米で作られるようになったようですが、一般には徐々に姿を消していきます。宮中の行事食として使われたのも江戸時代までです。現在では神社や寺院のお供えとして一部寺社で作られているほか、奈良や京都の和菓子店では唐菓子に由来する菓子が販売されています。

平安～鎌倉時代
中国から羊羹と饅頭が伝えられる

王朝文化が花開いた平安時代の人々はどのような「菓子」を食べていたのでしょう。王朝文学からは、宮中を中心とした貴族社会における菓子が見て取れます。紫式部の『源氏物語』には、蹴鞠《けまり》の遊びを終えた若い公達《きんだち》等が椿餅《つばきもち》などを食べている様子が描かれ、これは文献に登場する最も古い純国産の和菓子の一つだという説もあります。現在の椿餅は道明寺生地で餡を包んだものが多いですが、当時は餅を甘葛《あまづら》で甘くしたもので、餡は入っていなかったようです。甘葛とは冬期にツタから採取された樹液を煮詰めたもので、砂糖が普及する前の代表的な甘味料でした。また清少納言は『枕草子』で、細かく割った氷を金属製の器に入れ甘葛をかけて食べたと書いています。いかにも涼しげですが、製氷機などのない時代ですから、冬の間に天然氷を貯蔵した氷室から特別に取り寄せた、貴族達だけの楽しみだったでしょう。『枕草子』には、未熟な青い麦を煎って粉にして「縒《よ》った糸」のようにした青差《あおざし》というものも出てきます。青差は江戸時代の松尾芭蕉の句にも詠まれ、近代以降も各地で作られていました。ほかに唐菓子の一種である粉熟《ふずく》や草餅、亥《い》の子餅など、当時の貴族たちは行事や日常生活をとおしてさまざまな「菓子」を食べていたことがわかります。

鎌倉・室町時代、新たな食文化が中国からもたらされます。この時代、多くの僧侶が中国で禅宗を学び、教義とともに新しい文化も持ち帰ります。その一つが点心《てんじん》です。一日二食だった当時、食事とは別に食べる小食を点心といい、羊羹《ようかん》などの羹《あつもの》類、饅頭《まんじゅう》や麺類などいろいろな種類がありました。羊羹は中国では羊の肉の汁物でしたが、肉食を禁じられた禅僧達は植物性の原材料で羊の肉に模した調理物を汁とともに食べました。これは室町時代後期に甘い菓子となっていますが、現在の蒸羊羹のようなものであったと考えられます。

　饅頭も伝来当初は中国同様に餡は入っておらず、やはり汁とともに食べていました。饅頭伝来についてはいくつかの説がありますが、道元の『正法眼蔵《しょうぼうげんぞう》』などによると鎌倉時代には確実に伝わっていたことがわかります。饅頭渡来伝承の一例が、京都東福寺を開いた円爾弁円《えんにべんねん》（聖一国師《しょういちこくし》）が酒饅頭を九州博多にもたらしたというもの。彼は饅頭だけでなく羊羹、麺類などの点心（羹・饅・麺）の将来者とされ、ゆかりの博多承天寺の境内にはうどんと饅頭伝来の記念碑が建立されており、いまも命日には羊羹・饅頭・うどんが供えられます。

『源氏物語』にも出てくる椿餅。道明寺生地を椿の葉で挟んだお菓子。画像提供：とらや

室町～安土桃山時代
南蛮菓子の伝来と茶の湯の影響

天文十二（1543）年、種子島にポルトガル人が漂着して以来、ヨーロッパ人と日本人との直接的な交流が始まり、鉄砲やキリスト教に代表される多くの文物がもたらされます。ポルトガル人やスペイン人等がマカオやルソンの南方の拠点から渡来することから、彼らを南蛮人と呼び、彼らがもたらした文化を南蛮文化といいます。食について見ると16世紀後半から17世紀にかけて、九州の平戸などを中心にヨーロッパの料理が伝わり、イエズス会宣教師の手紙では、平戸に行けばポルトガルの料理が食べられると書かれています。

また南蛮菓子も伝来し作られるようになります。現在に続くものに金平糖《こんぺいとう》、有平糖《あるへいとう》、ボーロ、カルメラ、びすこいと（ビスケット）、カステラ、鶏卵素麺《けいらんそうめん》などがあり、宣教師ルイス＝フロイスが織田信長に金平糖を贈った話はよく知られています。ケサチイナ、オイリヤス、コウレンほか途絶えた菓子も多いですが、なかにはヒリュウズ（飛竜頭）のように、豆腐を油で揚げた料理に変化したものもあります。ちなみに当時の日葡辞典（日本—ポルトガル語辞典）には、菓子（Quaxi《クワシ》）は「果実、特に食後の果物」とあり、加工食品としての「菓子」と「果物」がまだ並立して認識されていたようです。

さて、南蛮食文化が和菓子にあたえた影響の一つは鶏卵の使用です。当時の日本人は宗教的禁忌から鶏卵を食べませんでしたが、南蛮食文化の影響で使用が始まります。カステラや鶏卵素麺が典型で、植物性の原材料を基本とする和菓子で鶏卵が例外的に使われるのはそのためです。もう一つは砂糖の大量使用です。100%輸入に頼る貴重な砂糖をふんだんに使った非常に贅沢な南蛮菓子の甘さは、大きな魅力だったでしょう。

　またこの時代は茶の湯（侘《わ》び茶）の大成期でもありました。当時の茶会記には饅頭、羊羹、草餅などの記載とともに、梨や栗などの果物、蜘蛛蛸煮、煮こんにゃくなどの料理も菓子として使われており、現在の茶の湯菓子とは趣を異にしています。現在、茶の湯で用いられる菓子が一般化するには「上菓子《じょうがし》」の大成を待たなければなりません。そんな中、新たな菓子の工夫もされています。「ふの焼き」は千利休が茶会に多く用い、利休好みの菓子とされるもの。小麦粉を水で溶いて薄く焼き、白味噌を塗って巻くもので、江戸時代初期には京都市中の至る所で売られ、後に白味噌の替わりに小豆餡が使われたりもしています。

千利休が茶会でよく使ったふの焼き。水で溶いた小麦粉を薄く焼いて味噌を塗って巻いた。画像提供：とらや

カスドース

長崎・平戸藩松浦家の御用菓子を勤めた蔦屋に450年以上前から伝わる南蛮菓子。一口大のカステラを卵黄を絡めて、糖蜜にくぐらせてある。

撮影協力：蔦屋（P124参照）

江戸時代初期 京都における菓子事情

江戸時代初期の京都における菓子事情は三つの類型で考えられるでしょう。まずは「洛中型」で、南蛮菓子、ふの焼き、内裏粽《だいりちまき》、洲浜《すはま》、編笠団子など都心部で作り売られるもの。次に「洛外型」で、農村で日常的に食べられる餅類など。最後が「境界型」で、洛中と洛外の境界に位置した神社仏閣の門前の茶屋で供された菓子で、清水寺の炙餅《あぶり》、下鴨神社の御手洗《みたらし》団子、祇園社の甘《あん》餅、方広寺の大仏餅などです。洛中型が後に上菓子に発展し、境界型が団子や大福など庶民的な菓子となり、洛外型は家庭で日常や行事などで作られる菓子となったのではないでしょうか。

江戸時代は260年間戦争のなかった日本史上希有な時代です。むろんさまざまな矛盾や抑圧はありましたが、戦争がなかったことの意味は大きいものでした。結果、社会の安定は経済活動を活発にし、農業ほかの産業も生産を拡大し、人や物の流れが全国的な規模で広がりを見せ、なにより人心の安定をもたらしました。そうした時代背景のもと、京都を中心に華やかに展開されたのが元禄文化です。元禄文化は公家や武家、上層町人等によって担われ、琳派に代表されるように王朝文化への強い憧れをもっていました。人々の集う文化サロンでは、茶会や連歌などが催され、菓子屋に特別な菓子を注文することもありました。

元禄時代
雅な上菓子の世界が生まれる

元禄文化の影響を受けたものに着物があります。友禅染が京都で創案され、小袖文様も華やかに工夫され、その図案は冊子に仕立てられ、意匠にふさわしい銘が付けられていました。菓子もこの頃から具象・抽象ともに美しく意匠化されるようになっています。そして、『古今和歌集』などに想を得た雅な名前が付けられるようになり、それは菓銘《かめい》と呼ばれました。美味しく味わう味覚、ほのかな素材の香りを楽しむ嗅覚、舌触りや黒文字で菓子を切る時などの触覚。その三つの感覚に美しい菓子を目で見て楽しむ視覚、菓銘を耳で聞いて味わう聴覚が加わって、ここに五感の芸術「和菓子」が大成したのです。それらは、ただ美しいだけでなく日本の文化、行事、自然を巧みに取り入れています。たとえば『源氏物語』の一場面を意匠と菓銘で表現したり、あるいは〝初冬の池〟を道明寺の生地で、〝その池の氷に閉じ込められた紅葉〟を小さく切った柿で表現した菓子に「薄氷《うすらい》」と菓銘を付けるなど、表現の世界は広まりを見せていきました。「和菓子」の世界は17世紀後期を境に大きな変化をとげたのです。

こうして一応の大成を見た「和菓子」ですが、しかし、ここで言う「和菓子」はいわゆる上菓子を指しています。上菓子とは貴重な白砂糖を使った上等な菓子のことで、宮中、公家、武家、上層町人あるいは寺社などを主な顧客としたもので、庶民を含めた和菓子全体の大成には今しばらくの時間が必要でした。

京都で生まれた上菓子は江戸へ、そして江戸から全国の城下町へと広がって行きます。その背景には大名や家臣等による茶の湯の盛行があり、茶の湯に必要な菓子として上菓子がもてはやされます。また茶の湯に限らず、菓子に積極的に関わる将軍や大名も大勢いました。その一端を京都で禁裏《きんり》（朝廷）御用菓子を勤めた虎屋の例から紹介しましょう。

九州熊本藩主細川綱利は「上方菓子」を好み、寛文十一（１６７１）年、虎屋の職人を熊本に招き、京都菓子の製法を藩御用菓子屋に伝授させています。また、元禄時代の徳島藩主蜂須賀綱矩《つなのり》は参勤交代の途上、京都に立ち寄ると虎屋から大量の菓子を購入しており、時に月の売り上げの四分の一を占めることもあったとか。このように大名が菓子の歴史に果たした役割は大きく、今後、さらなる研究が待たれるところです。

江戸時代中期、菓子の歴史に起きた大きな出来事、それは砂糖の国産化です。それまでは、琉球や奄美産の黒砂糖が薩摩藩を通して一部もたらされる以外、砂糖はオランダや中国からの輸入に頼っており、氷砂糖や白砂糖などは特に高価で、使用は上菓子屋に限られていました。そこで八代将軍徳川吉宗は、甘蔗《かんしゃ》（サトウキビ）栽培から製糖まで、砂糖の国産化を試みます。しかしすぐには結果がでず、長年の試行錯誤の末、ようやく18世紀後期に西日本を中心に砂糖生産地帯が形成されます。特に四国の高松藩や徳島藩が名高く、国産化にともない砂糖の流通量も増え、多くの菓子屋の誕生につながりました。それは城下町などの都市部に限ったことではなく、関東の農村などにまで広がっていきました。

旅の楽しみは名物菓子

江戸時代、街道沿いに様々な名物が誕生。東海道猿ヶ馬場の柏餅が描かれた葛飾北斎「白須賀 二川へ二里半」。
所蔵：（公財）吉田秀雄記念事業財団
アド・ミュージアム東京

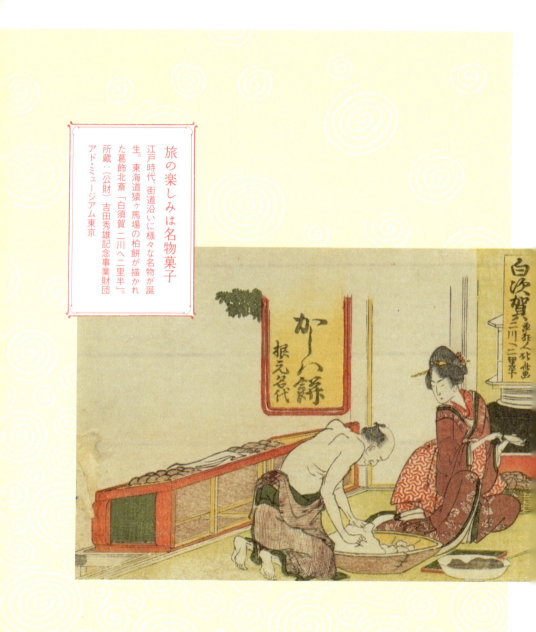

名物・隅田川の桜餅

文政後期～天保期の江戸名物を東海道五十三次に見立てた双六「江都名物当時流行双六」（部分）。隅田川の桜餅（左下）など菓子屋が7軒登場する。

所蔵：同右

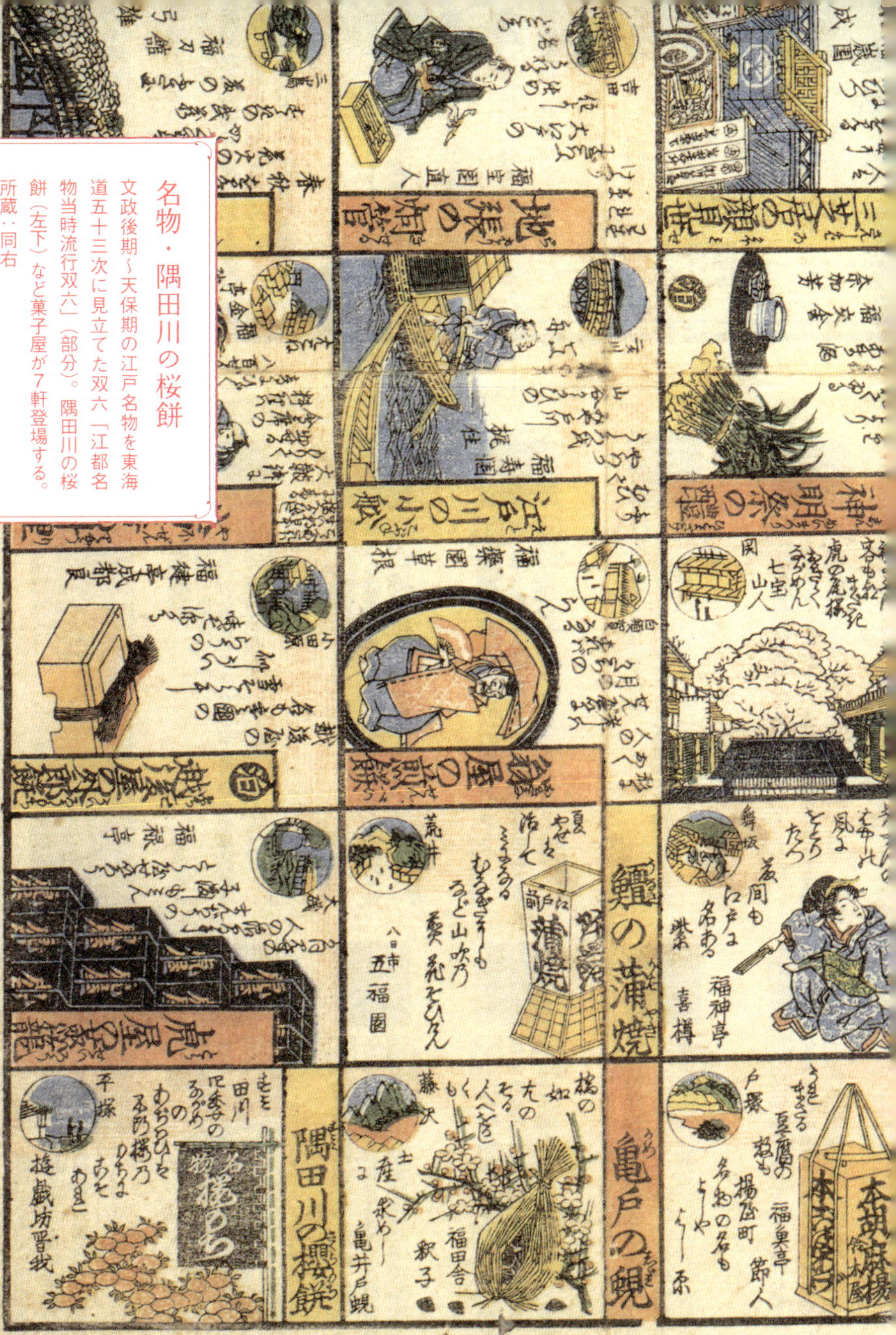

文化文政～明治時代
江戸で花開いた庶民の菓子

近世後期、和菓子の世界に再び大きな「事件」が起きます。煉《ねり》羊羹の創製です。煉羊羹は、水に小豆粉と砂糖を入れて熱しながら煉り上げ、寒天を入れて冷まし固めた棹《さお》状の菓子です。煉羊羹を作るために欠かせない寒天は、１６００年代中頃に京の伏見で創案されたようで、事実、江戸時代後期まで寒天生産の中心は関西にあり、現在でも寒天問屋の多くは大阪にあります。もっとも創案当時の寒天は、刺身のつまや煮物に使われるなどして菓子には使われていません。『北越雪譜《ほくえつせっぷ》』によれば、寛政年間（１７８９～１８０１）のはじめ、江戸日本橋の喜太郎という菓子屋が煉羊羹を創製し、その後、二軒の菓子屋が喜太郎をまねて煉羊羹を作り、やがて全国に広まったとか。それまで羊羹といえば葛を使った蒸羊羹でしたが、以降、羊羹といえば煉羊羹という認識が徐々に広まり現在にいたっています。ちなみに喜太郎は、幕府の御用菓子屋の筆頭だった大久保主水《もんと》の菓子杜氏（職人）でした。一方、江戸本町の紅谷志津磨《べにたにしずま》が煉羊羹を作ったという伝承もあります。時期も同じ寛政頃とあるので、煉羊羹創製の時期は18世紀後期と考えてよいでしょう（最近では、煉羊羹の創製は寛政初年から10年くらいさかのぼるだろうとする研究もあります）。

文化文政年間、菓子は庶民にとってより身近なものになります。江戸の各地に大福、きんつば、桜餅、永代《えいたい》団子、お鉄牡丹《ぼたん》餅、助惣《すけそう》ふの焼きなど多くの名物菓子が誕生し、庶民を楽しませました。幕末の江戸を訪れた紀州和歌山藩の下級武士酒井伴史郎は、暇にまかせて浅草や上野、両国や飛鳥山といった江戸の名所見物に精をだし、いたるところで桜餅や汁粉、あるいは牡丹《ぼたん》餅と言った菓子を賞味し、使われる砂糖の違いを日記に記しています。

また江戸時代の菓子を語る時、欠かせないのが道中の名物菓子です。五街道や宿駅の整備、商業や産業の発達により人々の移動も増え、参勤交代により大名は毎年江戸と国元を往復します。街道にはこうした旅人を目当てに菓子を売る店が増え、東海道には保土ヶ谷の牡丹餅、神奈川の亀の甲煎餅、府中（静岡）の安倍川餅、室町時代から続く宇津之山の十《と》団子、猿ヶ馬場の柏餅、草津の姥《うば》が餅など枚挙にいとまがありません。たとえば武蔵国喜多見村（現東京・世田谷）の農民田中国三郎は、弘化二（1845）年に3ヵ月かけて伊勢神宮、奈良、大坂、四国の金比羅、岩国の錦帯橋、京都から中山道を経て、長野善光寺、伊香保温泉などを巡る道中に156回も菓子を食べたと日記に残しています。上菓子の誕生から庶民も楽しめる菓子の普及まで、和菓子はまさしく江戸という時代が育んだ食文化といえるでしょう。

明治に入るとキャラメルやチョコレートなど欧米の菓子が多く入り、これ以降、欧米の菓子を洋菓子、日本の菓子を和菓子と区別するようになります。一方、パンに小豆餡を入れ、饅頭を作るための酒麹を膨張剤に使用する和洋折衷のあんパンなども考案されています。そして現在、洋菓子の材料を取り入れた洋風和菓子もあれば、和にこだわる和菓子店も健在です。今後もそれぞれが刺激しあい、新たな和菓子の世界が作られていくことでしょう。

年中行事と和菓子

文＝青木直己

春の桜、夏には河畔のせせらぎ、秋は紅葉、冬の雪景色をはじめ、日本の季節には美しい情景があります。和菓子もまた四季の移ろいを私たちに感じさせてくれます。年中行事に登場する和菓子を紹介しながら、季節を味わってみたいと思います。

正月の和菓子に花びら餅があります。菱葩《ひしはなびら》という宮中の正月の行事食が元で、丸い餅に小豆の渋で染めた菱餅を置き、白味噌をぬって軟らかく煮たゴボウを載せて二つ折りにします。別名包み雑煮、京都では雑煮に白味噌を使うことからの名前でしょう。もともとは堅い物を口にして、齢《よわい》を固め長寿を願う歯固《はがため》の儀式に由来し、ゴボウは鮎を塩漬けにした押鮎《おしあゆ》の見立てです。現在でも宮中の行事食であり、江戸時代初期には正月の七日を除いて十四日まで食べられていました。七日はもちろん七草粥の日です。この菱葩を、明治に入って裏千家十一世玄々斎宗匠が初釜の菓子に用いたことから、花びら餅の名で一般にも広まりました。現在では餅の生地だけでなく求肥なども使われ、各店で工夫をこらしています。

花びら餅

宮中の正月料理の祝膳の一つ「菱葩」を原型とするお菓子。丸くのした餅に小豆色の菱餅、白味噌、砂糖煮したゴボウを載せ、半月状に挟んである。撮影協力：とらや（P124参照）

暮らしの節目節目に根づき日々を彩る和菓子たち

行事と結びついた和菓子でよく知られているのは、やはり節句菓子でしょう。人日《じんじつ》（正月七日）、上巳《じょうし》（三月三日）、端午《たんご》（五月五日）、七夕（七月七日）、重陽《ちょうよう》（九月九日）の五節句には行事食があり、菓子も含まれています。人日は七草粥、次の上巳は雛祭、雛あられや菱餅、ハマグリはじめ貝形の落雁などが使われます。また京都を中心にあこやという菓子が作られます。こなしの生地の上に餡玉を載せ、背を一部伸ばします。この部分をひっちぎったように作るものもあり「ひっちぎり」とも呼ばれています。この菓子は阿古屋《あこや》貝にちなみ、餡玉は真珠を表すと言います。なぜ阿古屋貝、と不思議に思われる方も多いと思います。旧暦三月三日は古来水辺に出て禊《みそ》ぎをする日、貝にちなむ菓子も水辺での禊ぎに由来するのではと考えています。そのほか草餅も上巳につきものの菓子で、宮中の女房言葉で「草のつみつみ」と呼ばれていました。

五月五日、京都など関西では粽、東京を中心に東では柏餅を食べる地域が多いようです。端午の粽は平安時代には登場し、柏餅は江戸時代から端午の節句菓子となりました。柏の葉は新芽が出るまで古い葉が落ちないところから家の継続を象徴し、江戸の武家に好まれ広まったといいます。武家では端午につきものの菖蒲《しょうぶ》が尚武に通じることから、この行事を重視し

将軍から大名が菓子を賜る嘉定（祥）の儀を描いた「千代田之御表 六月十六日嘉祥ノ図」（部分）。江戸城五百畳の大広間に2万個以上の菓子等が並べられた。この日にちなんで現在、6月16日は「和菓子の日」とされている。所蔵：国立国会図書館

て男子の節句として定着しました。柏餅は武家だけでなく庶民にも親しまれ、端午が近づくと江戸近郊の八王子などで、柏葉の市が立つほどでした。

節句ではありませんが、六月の京都では水無月《みなづき》という菓子が食べられます。三角形の生地の上に小豆を載せた菓子で、六月一日の氷室の節会《せちえ》や六月晦日《みそか》の夏越祓《なごしのはらえ》に由来するとされていますが詳しいことは不明です。ただ最近では研究者によって、六月に食べられる麦餅との関連性や、菓子の創製に京都の菓子屋が関わった点などが指摘されています。

かつて六月十六日に和菓子が主役となった嘉定《かじょう》（嘉祥）という行事がありました。起源ははっきりしませんが、室町時代の京都ですでに行われていたことは確かです。当時、武家では納涼のために楊弓《ようきゅう》を行い、敗者が勝者へ嘉定通宝（中国宋で鋳造された銭）十六枚で食べ物を購《あがな》って贈ったといいます。嘉定通宝の嘉《か》と通《つう》が勝《かつ》に通じることから、ことさら武家で重視され、江戸時代にますます盛んになっていきました。行事としては、大名・旗本が

三角形のういろうに小豆を散らした「水無月」。小豆の赤は厄除けになるとされ、夏越祓で食べられた。画像提供：とらや

亥の子餅

無病息災や子孫繁栄を願って食べるほか、10、11月の茶道の炉開きの菓子として知られる。末富では注文に応じて御所風に白、小豆色、ごまの3種の羽二重餅でこしあんを包む。

撮影協力：末富（P123参照）

将軍から菓子を賜るという簡単なものでしたが、非常に規模が大きく、六月十六日、約五百畳の江戸城大広間には、饅頭、羊羹、鶉焼《うずらやき》、阿古屋、金飩《きんとん》、寄水《よりみず》、平麩《ひらふ》、熨斗《のし》など合計二万個以上もの菓子が敷き並べられました。菓子を頂戴した大名のなかには、屋敷に戻って家臣へも分け与えて自ら嘉定を行う者もあれば、国元の藩主に菓子を届ける場合もあり、遠く弘前藩や豊後臼杵藩の事例が確認できます。儀礼を通して菓子、そして贈答文化が全国に広まっているのが興味深いところです。ちなみに嘉定は宮中でも行われており、天皇が公家等へ一升六合の米を与え、公家等はそれを禁裏御用菓子屋の虎屋と二口屋で菓子に替えていました。虎屋には嘉定にかかわる古文書が多く残されています。

旧暦十月の亥の日には亥の子餅を食べます。多産の猪にあやかって家の繁栄を願い、厄をはらうとも言います。この日は冬支度のために炬燵《こたつ》を出し、茶道では風炉から炉に替える炉開きが行われます。猪は愛宕神社の火防の神のお使いとされ、このことも亥の子餅を食べる由来になっているのかも知れません。

ここまでご紹介したのはごく一部で、年中行事にちなんだ和菓子はほかにも多くあります。暮らしの中でさまざまな願いを込めて生まれた和菓子に目を向け、季節を楽しく味わっていただきたいと思います。

第三章 美味しさの理由

素材と製法

大納言小豆《だいなごんあずき》

大粒で皮が柔らかい。
ちなみに和菓子業界では
小豆を「しょうず」と読む。

白小豆《しろしょうず》

小豆の仲間。生産量が少なく
高級な上生菓子に使われる。
備中産が有名。

手亡豆《てぼうまめ》

いんげん豆の一種。
白あんのほか、味噌あん、
黄身あんなど加工あんにも使われる。

素材から見る和菓子

文＝金塚晴子（「和菓子スタジオへちま」主宰）

和菓子とお茶をいただくと、ほっと気持ちがほぐれる気がしませんか。和菓子には疲れを癒し、心をなごませる何かがあるように思います。それは昔から私たちが食べてきた小豆と米の組み合わせがもたらす不思議な作用かもしれません。

日本人は古来、赤を魔よけの色としてきました。春、秋のお彼岸のぼたもちやおはぎ、夏の暑さを乗り切るための夏越しの祓の神事で氷に見立てて食べる水無月、忙しい正月を終えた女性たちがほっと一息つく小正月（1月15日）に食べる小豆粥、そして節目節目の祝い事に登場するお赤飯など、これらはみな、赤い小豆と米の組み合わせでできているのです。

お赤飯を作る時いつも思うのは、ビタミンや食物繊維が豊富な小豆を、ポリフェノールたっぷりの煮汁まで丸ごと利用した先人の知恵です。栄養学は知らなくとも生活のなかから生まれたバランスのよい食べ物、そのひとつが小豆と米の組み合わせなのです。和菓子も例外ではありません。和菓子は日本の風土とそこに暮してきたひとびとが作り上げてくれた素敵なお菓子です。その魅力を、基本となる素材、あん、米、砂糖から探ってみましょう。

和菓子の命、あん（餡）

「和菓子の命はあん」といわれます。和菓子屋さんはそれぞれに自分の店にふさわしい独自のあんを工夫します。同じ小豆なのにそのおいしさの差はどこから来るのでしょうか。

和菓子に主に使われる豆は、小豆といんげん豆系に分かれます。小豆には北海道小豆を代表とする普通小豆、丹波大納言を代表とする大納言小豆があり、白小豆や緑豆も小豆の仲間です。

大納言小豆で有名なのはなんと言っても丹波大納言でしょう。気象条件のよさ、大量消費地の京都をひかえることから、代々にわたって改良を重ね良品を生んできました。しかし、豆が大きいから、値段が高いからといってオールマイティなわけではありません。こしあんに向く豆、粒あんに向く豆、つぶしあんに向く豆、そしてお菓子によっても向き不向きがあるため、豆の特徴をよく把握する必要があります。

大納言小豆はまず粒が大きいこと、皮が薄くやわらかいことから、最中、どらやき、きんつばなど、粒立ちや皮のやわらかさを求められるあんに使われます。また上品な香りで茶の味をそこなわないので、茶席で出される上生菓子、たとえばきんとんの中のあんなどにもよく使われます。その一方、大福やおはぎ、おだんごなど素朴なつぶしあんにはむしろ北海道小豆が向いているでしょう。なぜなら香りが大納言小豆より強く、あんこ好きにはたまらない、あんこらしいあんになるからです。また北海道小豆はこしあんにも向いています。こしあんは皮を取り除いた粒子（呉《ご》）だけを使いますが、こしあんの美味しさに求められるのは、なめらかさと雑味のなさと香りでしょう。その点、何度も水にさらしてしっかりあくを抜いても香りが残るのが北海道小豆なのです。

あん、特にあんこと聞いて多くの方が思い浮かべるのは赤い小豆のあんかもしれませんが、白あんの必要性も小豆あん以上かもしれません。さまざまに着色できるので、上生菓子の〝こなし〟や練切《ねりきり》、またカステラ状の浮島や黄身しぐれも、ほとんどは白あんでできています。そのほか栗まんじゅう、桃山などの焼き菓子や黄身あん、抹茶あんや柚子あん等の加工あんのベースになっているのも白あんなのです。その使用量はむしろ小豆のあんよりも多いかもしれませんね。白あんに使われるのは主にいんげん豆系の手亡《てぼう》という豆で、ほかに小豆の仲間の白小豆も使われます。生産量が少なく稀少な白小豆は老舗の上生菓子によく使われます。

お米の七変化

和菓子に使われる粉の多くは米から加工されたものです。米は私たちがご飯として食べているうるち米と、赤飯や餅に使われるもち米にわかれます。うるち米からは上新粉、上用粉、かるかん粉など、もち米からは白玉粉、もち粉、加熱したもち米からは道明寺粉のほか、主に干菓子に使われる上南粉、新引粉、みじん粉、寒梅粉などが作られます。たった2種類の米が、微妙な製法の違いでこれだけ使い道が多くなることに驚かされます。

小豆粒あんの作り方

何度も水をかえて煮て、最後に砂糖を加えるだけ。ツヤツヤした手作りあんの美味しさは感動的です。ぜんざいやおはぎにぜひ。冷凍保存もできます。

監修＝金塚晴子

〈材料〉

小豆　300g
グラニュー糖　300g
塩　少々
＊できあがりの量は850g前後

1 小豆を流水で洗う。厚手の鍋に水600mlと小豆を入れ（ア）、蓋をして強火で煮る。沸騰したら水200mlを差す。

2 再沸騰したらそのまま2～3分煮てから、ザルにあけて流水でさっと洗う。

3 鍋に新しい水800mlを入れ、小豆を戻し入れて中強火にかける。沸騰後少しずつ差し水（400mlを4～5回に分けて加えるくらいが目安）をしながら煮る。ゆで汁が赤くなってくる。

4 小豆がふくらんでシワが伸びてきたら（イ）、火を止めてザルにあけてさっと水洗いする。

5 鍋に新しい水850mlを入れ、小豆を戻し入れて中強火にかける。沸騰したら中弱火にし、蓋をして小豆が軽く踊るくらいの火加減で30～40分ほど煮る（ウ）。ときどき蓋を開けて小豆の頭が水から出そうになったら差し水をする。
＊ここでは鍋をかき混ぜないこと。

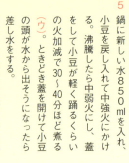

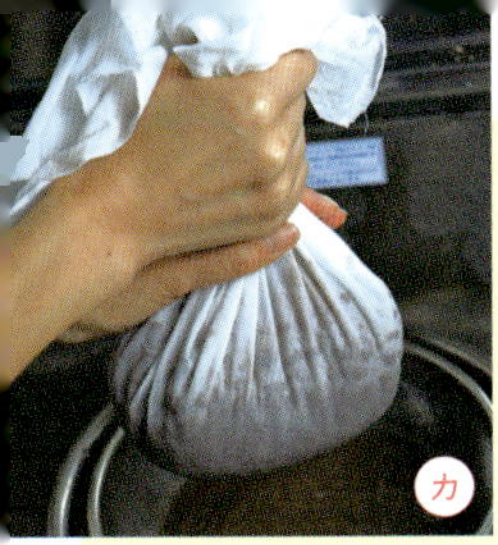

6 小豆が指先で簡単に潰れるようなれば煮上がり(エ)。

7 皮をより柔らかくするため、さらにごくごく弱火で30~40分煮続ける。豆が踊らないよう紙蓋をし、蓋もする。差し水はしない。

8 ボウルで受けたザルの上にさらし布巾を広げておき、その上に小豆をあけ(オ)、水を軽くかける。

9 豆をつぶさないよう布巾ごと水気を軽く絞る(カ)。

10 絞った小豆を丸底の鍋に入れ、グラニュー糖を加えて中火にかける。鍋底からヘラで大きくすくうように練る(キ)。

＊ヘラが入りやすい丸底厚手の鍋がおすすめ。

11 粒あんは冷めると締まるので、柔らかめで火を止める。ヘラですくい落としてやっと山型に立つくらいの固さが目安(ク)。最後に塩少々を加えて練り上げる。

12 バットの上で小分けにして広げて冷ます(ケ)。

＊すぐ使わない際はジップロックなどに300gぐらいずつに分けて入れ、冷凍保存する。使用時は自然解凍で。

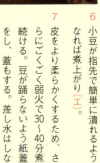

たとえば、上新粉、上用粉は、うるち米を水洗いして乾燥させたものを製粉したもので、上新粉より細かいのが上用粉です。上新粉（新粉ともいう）は歯切れのよいコシが特徴で、団子、草餅、柏餅などに使われます。上用粉はその名のとおり主に上用まんじゅう（＝薯蕷まんじゅう）の皮に使われますが、同じうるち米なのに饅頭になったとき、上新粉よりずーっとふんわり美味しく仕上がります。

また、白玉粉、もち粉は、どちらももち米を加熱せず製粉したものですが、白玉粉はなめらかな透明感とのびのあるコシが特徴で、花びら餅の求肥など上品な和菓子に使われます。一方、もち粉は白玉粉より米の風味がするので、より餅に近い食感を楽しめる大福などによく使われます。

甘さだけでない砂糖の役割

最近は、「甘すぎなくて美味しい」という表現がよくされるようですが、もしあんを練るとき砂糖の量が極端に少なければ、あんは色あせて艶がなくぼそっとしてしまいます。砂糖は甘みのほかに色、そしてしっとりした食感のためにはかかせない存在です。あんに対する砂糖の割合はお菓子によっても違います。和菓子に使われる主な砂糖は上白糖、グラニュー糖、白ザラメ（白双糖《しろざらとう》）、黒糖、和三盆、きび砂糖などです。あんを練るときはグラニュー糖か白ザラメを使います。精製度が高く雑味が少なく小豆そのものの美味しさをそこないません。上白糖は溶けやすく使い勝手もよいので粉と合わせる時など、あらゆるケースで使われます。黒糖はミネラルも豊富で、コックリした味は黒羊羹や温泉まんじゅうにはかかせません。特に重曹との組み合わせが醸し出す香りは食欲を刺激します。和三盆は、現在も香川県、徳島県で伝統的製法で作られている日本特有の砂糖です。口どけがなめらかで上品な味わいをもち、落雁、打ち物などの干菓子のほか、きなこ等の粉と合わせて菓子にまぶすときにも使われます。

大切なもの、それは水

和菓子を考えるとき興味深いのは、私たちが味のほかに「ぷるっ」「もちっ」といった食感や触感も大きな楽しみとしているところです。同じあんでも、求肥で包むあんはやわらかく、大福のあんはしっかりめ、ぷるっとした葛まんじゅうにはなめらかなあん、最中のあんはとろり……と、包む生地とのコンビネーションによって千差万別です。

そして、あん、粉、砂糖というシンプルな素材から和菓子の幅広いバリエーションが生まれるために、もう一つ忘れてはならない大切なもの、それは水です。あんを練ったり粉を混ぜるときはもちろんのこと、よく和菓子を「しっとりとして美味しい」と表現するように、素材をつなぐ役割としてもなくてはならないのがきれいな水。和菓子は水が豊かな日本だからこそ生まれたお菓子なのだと思います。日々、和菓子作りに携わる者として、日本中の水がいつまでもきよらかであってほしいと願わずにいられません。

上用粉《じょうようこ》

うるち米を生のまま挽いたもの。
薯蕷饅頭の皮などに。

寒梅粉《かんばいこ》

餅を白焼きして粉にしたもの。
寒い梅の時期に作ったことから。

葛粉《くずこ》

葛の根から取れるでんぷん質の粉。奈良の
吉野葛が有名。葛饅頭など夏の生菓子に。
＊米粉ではありません

道明寺粉《どうみょうじこ》

関西の桜餅に使われるのはこれ。
大阪・藤井寺市の道明寺が起源といわれる。

お米から作られる粉いろいろ

米には、ねばり気の強いもち米と、普段食べているうるち米があり、それらを生のまま粉にするか、加熱してから粉にするかなどで違いが出ます。和菓子に使われる主な米粉を見てみましょう。

うるち米

生のまま粉に……上新粉（柏餅、団子、外郎など）

上用粉（薯蕷饅頭など）＊上新粉より細かい。

洗って半乾きの状態で粉に……かるかん粉（かるかん）

もち米

生のまま粉に……もち粉（大福、最中など）

水につけたまま粉にして乾かす……白玉粉（白玉、求肥など）

蒸したものを乾燥させてから粗挽きに……道明寺粉（桜餅、道明寺羹など）

道明寺粉をさらに細かく挽いて炒る……新引粉（打ち物や菓子のまぶし粉など）

上南粉（打ち物、落雁など）＊新引粉より細かい。

蒸したものを白焼きして粉に……寒梅粉（打ち物、落雁など）

蒸したものを炒ってから粉に……みじん粉（打ち物、落雁など）

水の中で粉にして、その米汁を煮て、凍らせ、乾燥させて砕く……氷餅（菓子のまぶし粉など）

（和菓子の種類）

和菓子にはいろいろな分類法があります。たとえば羊羹は、製法でいうと流し物、形でいうと棹物《さおもの》。水分量でいうと生菓子（水分多めの場合）、あるいは半生菓子（水分少なめの場合）になります。また、生菓子には朝生菓子、上生菓子（上菓子）という区別もあり、朝生菓子はその日のうちに食べるもの（大福、団子など時間がたつと硬くなるもの）、上生菓子は砂糖をたっぷり使い2、3日は保存がきくものをいいます。ここでは水分量での分類を紹介します。

生菓子（水分30％以上）

- 餅　物　餅、おはぎ、草餅、柏餅、赤飯など
- 蒸し物　蒸し饅頭、蒸し羊羹、蒸しカステラ、ういろうなど
- 焼き物　平鍋物……どら焼き、中花種物、つやぶくさ、桜餅、金つば、茶通、唐饅頭など
  オーブン物……栗饅頭、カステラ饅頭、桃山、カステラなど
- 流し物　錦玉羹、羊羹、水羊羹など
- 練り物　練切、こなし、求肥、雪平など
- 揚げ物　あんドーナツ、揚げ月餅など

半生菓子（水分10〜30％）

あん物　石衣など
おか物　最中、洲浜など
焼き物　平鍋物……落し焼き、茶通、草紙など
　　　　オーブン物……桃山、黄味雲平など
流し物　錦玉羹、羊羹など
練り物　求肥など

干菓子（水分10％以下）

打ち物　打ち物種、落雁、片栗物、雲錦物、懐中しるこなど
押し物　塩がま、村雨など
掛け物　おめで糖、おこし、砂糖漬けなど
焼き物　落し焼き、ボーロ、卵松葉、小麦せんべい、米菓など
あめ物　有平糖、おきな飴など

協力／全国和菓子協会

和菓子のことば

和菓子のことばを知ると、味や意匠に興味が湧き、選ぶ楽しみもふえます。第一章（P8〜26）のお菓子をもとに、用語の一部を紹介します。

こなしと練切《ねりきり》

どちらも上生菓子を代表する生地で、（主に）白餡がベースですが、〝つなぎ〟に違いがあります。京都が主流のこなしは、餡に小麦粉などを加えて蒸して揉みこなして作り、しっかりした食感です。蒸羊羹の製法に通じることから「もみ羊羹」「羊羹製」と呼ぶ店もあります（とらやなど）。一方、練切（煉切）は東京が主流で、餡に求肥または薯蕷（つくね芋、大和芋）などを加えて練り上げたもの。こなしより柔らかめで発色がよく細工がしやすいため、最近は関西でも作るお店が増えているそうです。

P9吉野山
練切製／中は小豆こし餡

P12ほととぎすの落とし文
こなし製／中は小豆こし餡

きんとん

小さく丸めた餡玉の周りに、裏ごししたそぼろ状の餡を箸でまぶしたもの。色を変えて四季の風物を表現できるので、茶席菓子の花形ともいえる意匠でしょう。そぼろの太さや付け方、餡玉とのコンビネーションで各店の工夫が楽しめます。きんとんと呼ばれるお菓子は古くからありましたが、餡に餡をまぶす製法になったのは江戸後期のようです。

P21綾錦
きんとん製／中は小豆粒餡

茶巾絞《ちゃきんしぼ》り

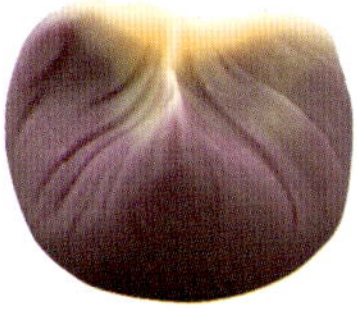

P10花菖蒲
こなし製茶巾絞り
中は白餡

小さい布で餡を包んで絞って形作られます。一見簡単な動きですが、指先のひねりと押さえ加減で微妙に表情が変わる奥深い意匠です。茶巾とは茶道のときに使うふきんのこと。

外郎《ういろう》と求肥《ぎゅうひ》

外郎と求肥も見た目が似ています。どちらも米の粉と砂糖からできていますが、外郎はうるち米から作る上新粉などを蒸したもの、求肥はもち米から作る白玉粉などを練ったものという違いが。外郎はぷちっと歯切れがよく、求肥はお餅のように伸びます。

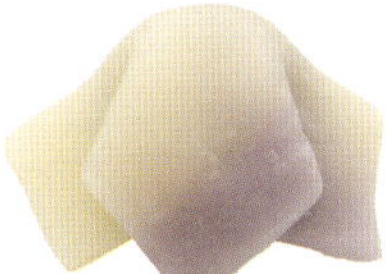

P13唐衣
求肥製
中は小豆粒餡

P26霜紅梅
求肥製（上に新引粉）
中は白飴餡

P8花衣
外郎製
中は黄身餡

錦玉《きんぎょく》

寒天と砂糖を煮溶かして、型に入れて固めたもので、琥珀とも呼ばれます。透明で涼しげなので夏のお菓子に重宝されます。錦玉に白餡を混ぜると半錦玉（錦玉と羊羹の中間の菓子で半透明）になり、錦玉を乾燥させると干（ほし）錦玉、干琥珀と呼ばれる干菓子になります。

P14紫陽花
さいの目の半錦玉と
淡雪（メレンゲの寒天）
中は白餡

道明寺《どうみょうじ》

もち米の粉で、粒の大きさによって三ツ割、五ツ割などの種類があります。粒々の見た目と食感を生かしたさまざまなお菓子があり、代表は関西の桜餅や椿餅（P33）など。寒天と合わせると夏向きの道明寺羹になります。

P18・19光琳菊
道明寺製（上に氷餅）
中は小豆こし餡、
花芯はこなし

P15みぞれ羹
道明寺羹
中は小豆こし餡

黄身時雨《きみしぐれ》

一般的に、白餡に卵の黄身を加えた黄身餡に上新粉などを混ぜて蒸したもので、黄味時雨、君時雨と書くことも。蒸したとき表面に入る亀裂とまろやかな風味が特徴です。卵は和菓子唯一の動物性食材。ちなみに時雨とは、晩秋から初冬にかけて降ったりやんだりする雨のことです。

P20嵯峨野
黄身時雨
中は小豆こし餡

P23落葉
白と黄の村雨製生地と
茶色のこなし製に
小豆をちらして

村雨《むらさめ》

砂糖に餡ともち米系の粉を入れて混ぜたものを、裏ごししてそぼろ状にし、型に入れて成形したもの。しっとりしていて口に入れるとほろほろとくずれます。村雨とはひとしきり強く降ってすぐやむ雨のこと。

薯《じょう》蕷《よ》

つくね芋（や大和芋）の別名。すりおろして上用粉と砂糖を混ぜ合わせた生地を皮にしたのが薯蕷饅頭。蒸したときのふっくらした仕上がりときめの細かさはつくね芋ならではです。薯蕷饅頭は上用粉を使うので上用饅頭と呼ばれることも。薯蕷芋はその白さ、風味のよさ、ねばりのある食感を生かして練切やきんとんなどにも使われます。

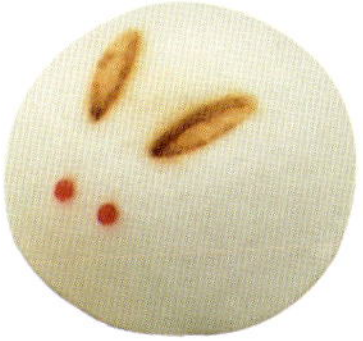

P20月兎
薯蕷饅頭
中は小豆こし餡

P25柚子饅頭
柚子皮入り薯蕷饅頭
中は皮むきこし餡

P24雪餅
薯蕷きんとん
中は黄色こし餡

P16着せ綿
こなし製に薯蕷そぼろ
中は小豆こし餡

干《ひ》菓《が》子《し》

水分が少ないお菓子のこと。ポルトガル伝来の飴「有平糖（あるへいとう）」や、大豆の粉を使った「洲浜（すはま）」、パリパリとした「生砂糖（きざとう）」、和三盆の口どけがなめらかな「打ち物（うちもの）」などがあります。

P22富貴寄せ
左から有平糖の照葉、
洲浜の松葉と
生砂糖のイチョウ

名店を訪ねる

とらや

東京・赤坂のとらや。黒塗りの大きな店構えを見かけた人も多いでしょう。また、「とらや」と白地に黒で染め抜いたのれんも有名です。

こののれん、右端には「千里起風」、左端には「御菓子調進所」と「黒川」という朱色の文字が入っています。とらやの屋号には虎が使われていますが、虎は一日千里を走って千里を還ってくるという故事があります。「千里起風」の印字は、虎が勇猛果敢に走る様子にとらやの商売をなぞらえたのかもしれません。また「黒川」はとらや店主の苗字で、「御菓子調進所」とは菓子を作っている店であることを表わしています。

赤坂にどっしりと構える店舗のイメージが強いせいか、とらやは昔から東京にあったと思われがちですが、実はとらやの発祥の地は京都です。

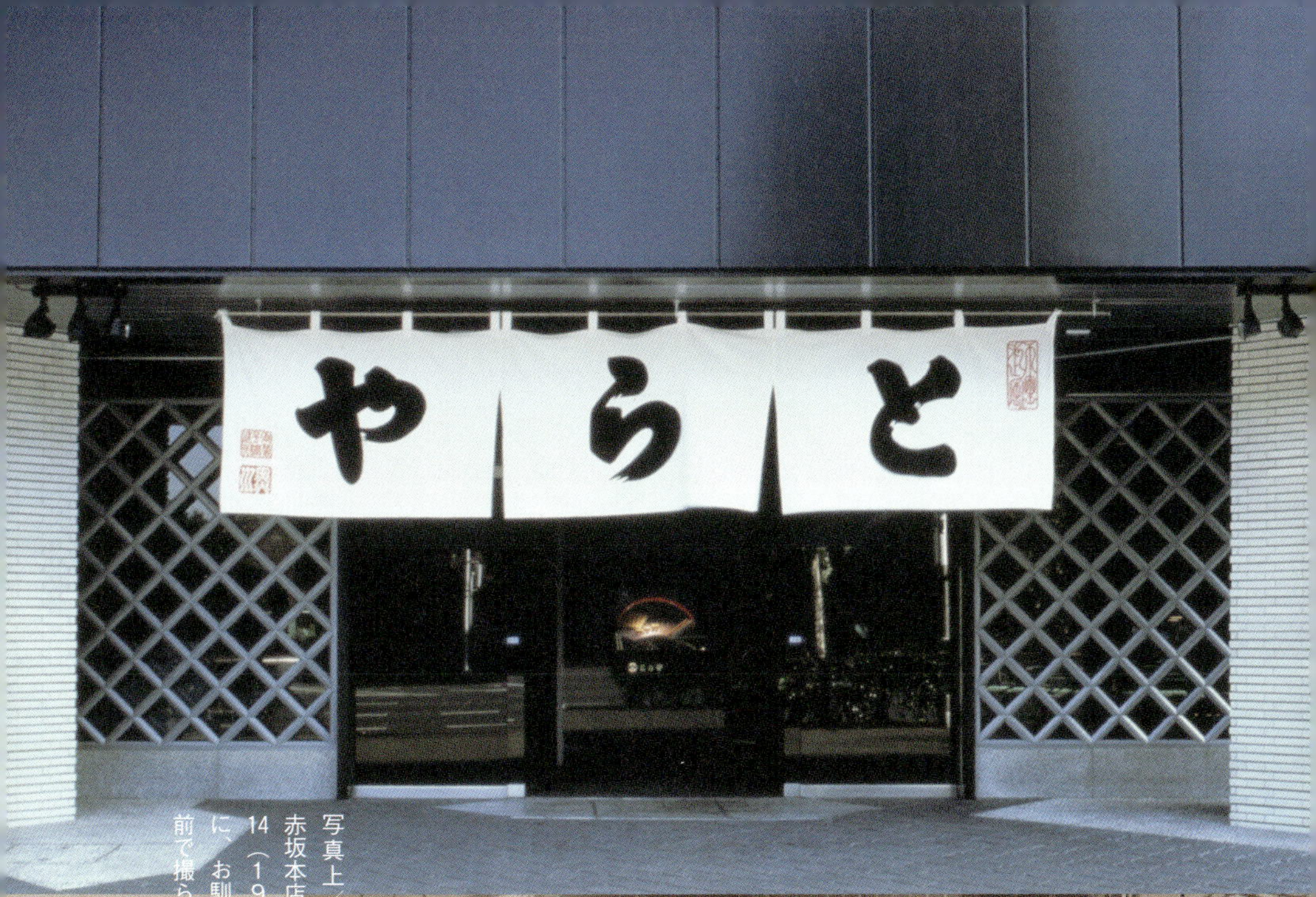

写真上／現在のとらや赤坂本店。写真下／大正14（1925）年の正月に、お馴染みののれんの前で撮られた記念写真。

「とらやの創業年ははっきりわかっていませんが、室町時代後期、後陽成《ごようぜい》天皇ご在位中（1586〜1611年）より御所御用を勤めているという記録があります」と語るのは広報の伊藤さん。日常の生活品から儀式で使う調度品まで御所御用の幅は広く、とらやは菓子を納めていました。

とらやに残るもっとも古い帳簿には、女帝・明正《めいせい》天皇（在位1629〜1643年）が父・後水尾《ごみずのお》上皇の元へ行幸する際に菓子を納めたという記録があります。それは「やうかん（羊羹）」「大まん（大饅）」「らくがん（落雁）」などのほか、「かすていら（カステラ）」や「あるへいとう（有平糖）」のような南蛮菓子も含まれていますが、総じて素朴なものが中心でした。羊羹も現在の煉羊羹ではなく、蒸羊羹のようなものだったと考えられます。

和菓子文化を伝える見本帳

江戸幕府五代将軍綱吉の頃、元禄文化が花開き、和菓子も大きく発展します。それまでの素朴なものから意匠を凝らした菓子が増えていき、古典文学や和歌集などから雅な名前（菓銘）がつけられるようになったのもこの頃からです。

「とらやには現在、約3000種ほどの菓銘が伝わっています。その中でも天皇や宮家、摂関家など高位の方からいただいた菓銘を〝御銘《ぎょめい》〟と呼んでいます。たとえば江戸時代後期の光格天皇（在位1780〜1817年）からは、「唐衣《からころも》」「下染《したぞめ》」など多くの御銘をいただき、

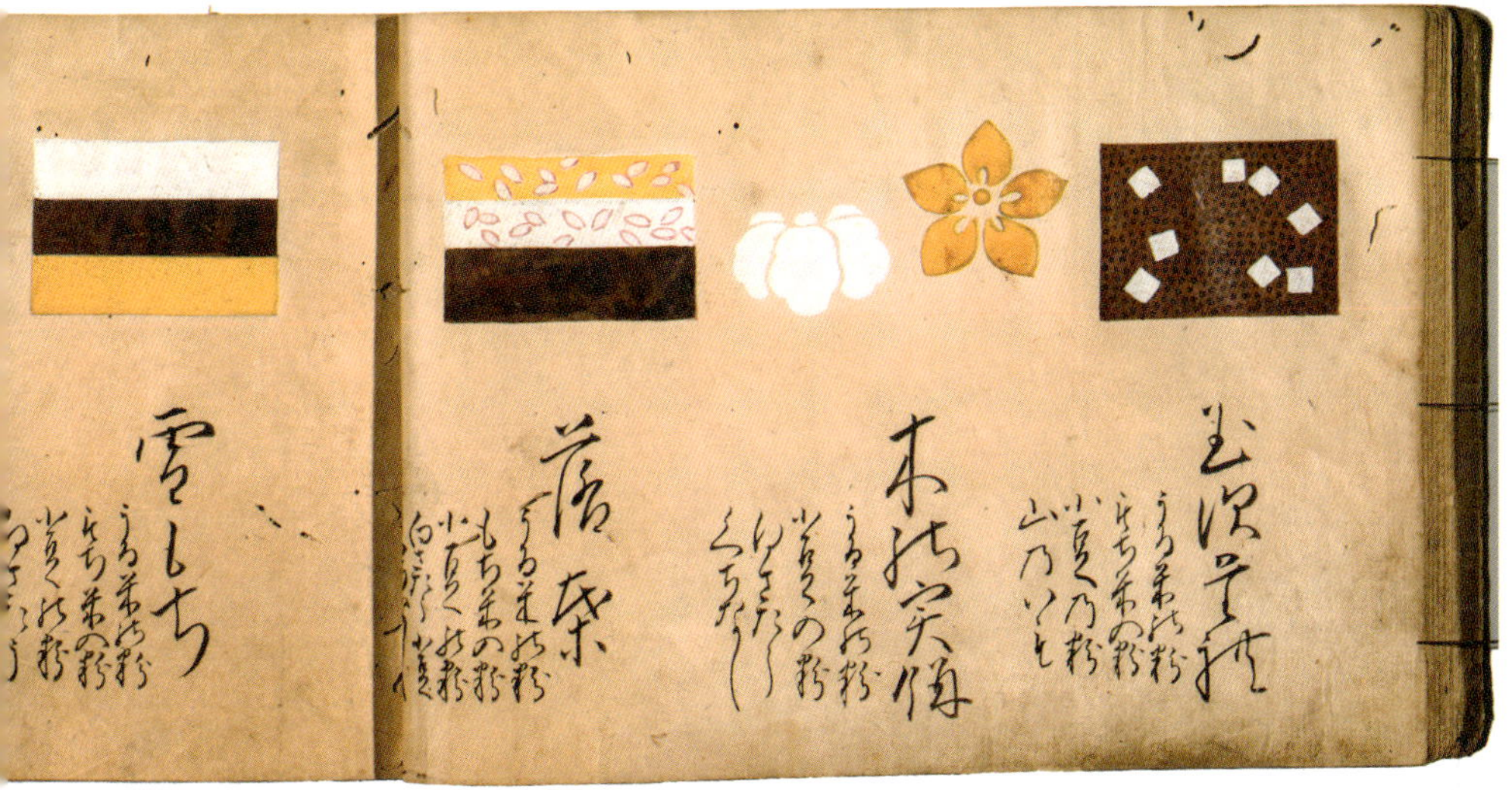

【見本帳】

宝永４（１７０７）年の御菓子之畫圖。美しく着色された菓子の図と菓銘、原材料が載っている。いわゆる商品カタログのように使われたと考えられる。

【道具】

右／木型は山桜や樫の木でできている。彫型のある方に生地を乗せ、厚みを出す木型（ゲス）を重ねて手のひらで押して形を作る。左／そぼろを作るためのこし網と、饅頭などに模様や紋などをつける焼印。

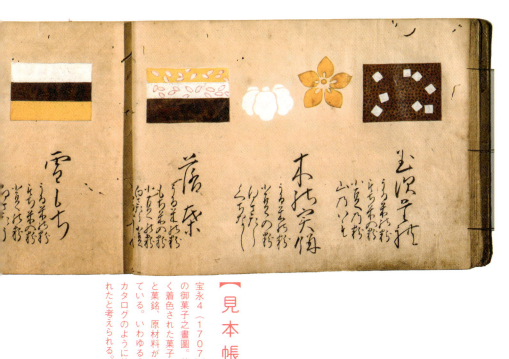

「遠桜」をつくる

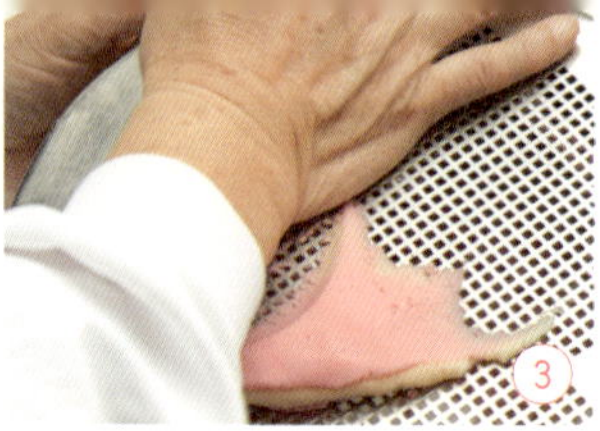

1 小倉餡を白色の煉切で包む。2 平たく伸ばした白と桜色2色の白餡を写真のように重ねる。3 こし網に2を乗せ、手のひらで押し出すと紅白そぼろができる。4 1の芯に、細い箸で紅白そぼろを付けていく。最初に底になる部分を付けてから、全体に付ける。5 こんもりと丸く、そぼろの先端が風にそよぐように自然な形になるのが望ましい。餡は、箸で付けやすく食感もよい柔らかさに調製されている。

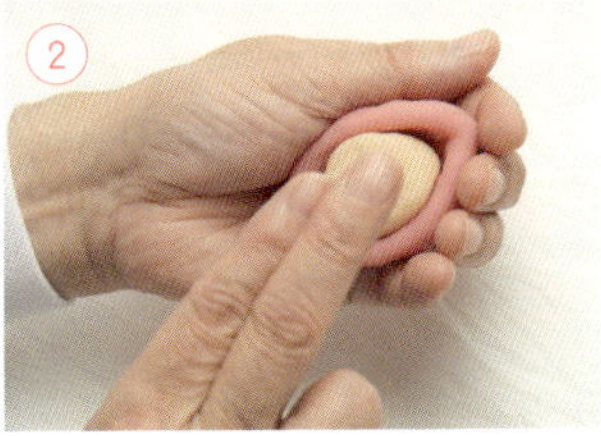

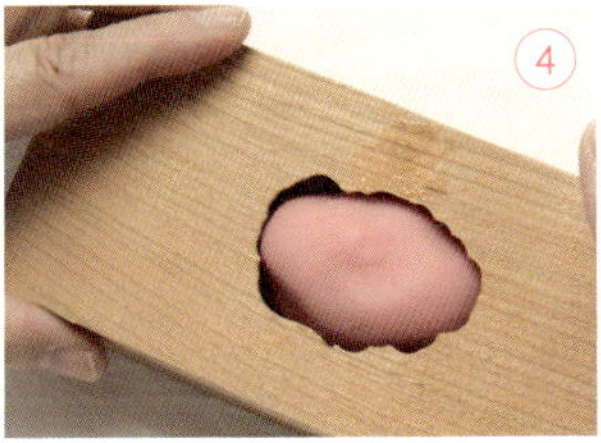

「手鞠桜」をつくる

1水でしめらせた木型の葉の部分に、緑色のこなしを入れる。2桜色のこなしで白餡を包み、楕円形に整える。3葉の部分も覆うように2を木型に乗せる。4ゲスを重ね、3を押す。5木型の端を木の台に打ちつけ、菓子を取り出す。手鞠桜は大正3（1914）年考案。八重桜の花びらの表と裏を左右にした意匠がユニーク。

なかには現在も販売しているお菓子もあります」

とらやには、菓銘や原材料などを描いた菓子絵図帳があります。これは「見本帳」とも呼ばれ、お客様から注文をいただく時のカタログにもなりました。現存する最古の絵図帳は元禄八（１６９５）年のもので、当時の和菓子文化を伝える貴重な資料となっています。

明治二（１８６９）年、明治天皇の東京遷都に合わせて、とらやも京都の店をそのままに東京にも進出。変わらず御所御用を勤めるとともに、お得意様は政財界などにも広がっていきました。大正末期、先々代の十五代店主武雄氏が、受注販売だけでなく店頭販売を開始。そして戦後、先代の店主光朝氏がデパートでの小売りを始め、一般にもとらやの名前が認知されるようになります。

和菓子の基本、あんへのこだわり

「少し甘く、少し固く、後味よく」を信条とするとらやの菓子。現在、御膳餡（こし餡）、小倉餡、白餡、味噌餡などの基本的な餡は、静岡の御殿場工場で一括して製造し、その後に東京工場や京都工場でそれぞれの菓子に調製されていきます。たとえば、「遠桜《とおざくら》」（Ｐ72）は小倉餡を煉切《ねりきり》で包んだものを芯にし、色付けした白餡をそぼろにしていますが、煉切やそぼろの餡などは各工場で生地を作り、さまざまな菓子に形を変え店頭に並びます。

もう一方の「手鞠桜《てまりざくら》」は、こなしを使っています。こなしは、白餡（や御膳餡）に小麦粉と寒梅粉をまぜて蒸し、揉みこなして作る生地です。煉切に比べてしっかりしていて、粘りのある食感が特徴です。とらやは京都発祥なので、こなしを使うことが多いです。

なお、「雪餅」（P24）は「遠桜」と同じきんとんですが、「雪餅」のそぼろは、旬のつくね芋の風味を生かすため、つくね芋（薯蕷芋）と砂糖だけで作られています。一見、同じような形に見えても、その菓子それぞれにちょうどいい餡の食感や甘さ、色、そして原材料の組み合わせが考えられているのです。

「とらやが何よりも留意しているのは、原材料です。餡の材料の小豆は北海道産、白餡の材

現在の手提げ袋は安永5（1776）年作の雛井籠（ひなせいろう・雛菓子を届ける箱）に描かれた虎がモチーフ。

30年以上の職人経験をもつ広報の伊藤郁さん。自社製品では新栗の季節限定の「栗蒸羊羹」が好物とのこと。

料の白小豆は群馬県や茨城県の指定農家で作ったものです。職人は原材料研修として農家へ出向き、実際に畑で作業します。作り手が素材をよく知り、また生産者にとらやが何を求めているか理解していただくためです。こうすることでお互いの信頼関係も深まります」

ちなみに、とらやの職人が一番初めに習うことは〝餡を包むこと（包餡《ほうあん》）〟です。伊藤さんによると、和菓子職人として一人前になるまでにだいたい10年程はかかるそうです。

「毎年1月、御所で行われる歌会始《うたかいはじめ》に出されるお題にちなんだ、御題菓子《おだいがし》や干支菓子の図案を社内公募します。職人だけでなく事務方も含めて社員全員、さらにＯＢやＯＧも参加できるので、みんなとても熱心です。〝遠桜〟は以前、桜というお題が出た時（昭和五十五［１９８０］年）の御題菓子です。後年、販売にあたって、あらためて〝遠桜〟という菓銘がつけられました」

紅白のそぼろが遠くに咲く桜の濃淡を思わせることから名づけられた〝遠桜〟は、現在、とらやの春の定番商品になっています。職人のみならず、とらやの社員全体の和菓子作りに賭ける思いが伝わるエピソードです。

「意匠を鑑《み》て、菓銘を聴き、味わう…という奥深い愉しみを持つ和菓子は、〝五感の総合芸術〟と呼ばれます。これは先代の十六代店主光朝の言葉です。これからもお客様にご満足いただける菓子を作っていきたい。それがとらやの願いです」

名店を訪ねる

末富

上品な干菓子の詰め合わせ。末富の代名詞、水色の包み紙もかわいい。

四季の花々が描かれた水色の包み紙をほどくと、その中に可愛らしく並ぶ干菓子。口にするのが惜しくて、じっと眺めていたい気持ちになりそうです。

「京菓子の華」といわれる干菓子づくりを披露してくださった「京菓子司 末富」は、上品なおつかいものの象徴として定評のある京菓子の老舗。「末富ブルー」の包み紙は、モダンなデザインにブランド効果も加わって、文庫本のカバーに使う女性もいるほどの人気です。

季節の移ろいを色と姿に託して

「庶民感覚からかけ離れていた時代の名残りでしょうか。うちでは御干菓子と丁寧に呼んでいます」と、三代目主人・山口富藏さん。四季を象る姿がまるで工芸品のように美しい干菓子は、格調高い贈答品として重宝されてきました。それは、主原料の砂糖がとても貴重なものだった江戸時代の名残り。その後も長く砂糖は誰もが口にできるものではなく、甘さが何よりのもてなしだったのです。

繊細で優美な打ち物に、緻密な飴《あめ》細工の有平糖《あるへいとう》や生砂糖《きざとう》、しっとりとした洲浜《すはま》など、それぞれに味わい深く、異なる手法で作られる干菓子の数々。中でも寺社の供物や薄茶の席で用いられてきた打ち物には、最高級の和三盆糖が使われることが多く、その気品に満ちた味と姿はまさに干菓子の真骨頂。木型のくぼみから取り出された薄紅色の桜花を一ついただくと、ほんのり温かく、やさしい甘さが口の中でほろりと溶けていきます。

「打ち物」をつくる

寒梅粉、片栗粉などに砂糖と少量の水を加えた生地を木型に詰めて打ち出したもので、口溶けのよさと上品な甘さが持ち味。1ほど良い湿り気に整えた生地を裏ごしする。2木型に打ち粉をし、生地をくぼんだ部分に押して詰める。3竹の皮をかぶせて平らにし、げんべらで叩いて取り出す。4 3日間乾燥させれば出来上がり。

明治二十六（1893）年、先々代が「亀末廣」（文化元［1804］年創業の菓子司）から暖簾分けして店を構えたのが、末富の始まり。寺院とのつながりが深く、東本願寺の御用達をつとめたことから縁を得て、茶人のためのお菓子を手掛けるように。

「茶事の場合、主《おも》菓子も干菓子も亭主の意を汲んで作らなあかんし、作れないとあかんのです。いつ、どんな趣向で催されるのか。招かれるのはどのような方で、どんな器を使われるのか。じっくりお話をうかがってどんなお菓子にするかを決めます」。注文を受ける度、スケッチを描き、納得できるまで試作を重ねるのが、現在の主人・山口さんの日常です。お客様のもてなしにふさわしい意匠を探り、一つひとつ丁寧に仕上げる。それが末富のお菓子づくり。店の奥に構えた仕事場には、年季の入った道具類を巧みに扱う職人さんたちの姿がありました。機械化・大量生産の時代にあっても、ここではすべてが手作業です。

御所があり、神社仏閣の中心の地でもあり、茶道も盛んな都にあって、厳しい基準で選ばれた「御菓子屋」（菓子司）が特別なお客様の要望に応えるべく技を磨き、創意を凝らすことで、洗練されていった「京菓子」の文化。巡る季節の移ろいを、待ちこがれる気持ち、惜しむ心まで繊細に映し出し、和歌や物語を題材に、「銘」を付ける。連綿と続いてきた都の風雅は、末富で「蒸菓子」と呼ばれるみずみずしい上菓子からも知ることができます。

たとえば、伊勢物語から銘を得た「唐衣」（P13）は、かきつばたの言葉を詠み込む機知と連想の楽しさを杜若《かきつばた》の意匠で。微妙な濃淡やぼかしを操り、表情豊かに仕上げることを信条とする末富の「唐衣」はふっくらと丸く、淡い紫色に気品が漂います。また、同じく五月の

「洲浜」をつくる

大豆の粉に水飴を混ぜて練り上げた半生菓子。入り組んだ浜辺の風景から命名され、もとは洲浜の形になるように細工されたが、現在は形もいろいろに。

1大豆を炒って挽いた洲浜粉に砂糖と水飴を加えた生地を、交互に根本を残しながら切り揃える。2先端を指でくるりと丸める。3薄緑に着色した上白糖の上に放つ。4蕨の完成。

お菓子「ほととぎすの落とし文」（P12）は、その愛らしい姿を恋心を綴った落とし文に見立てたもの。爽やかな緑から、初夏の陽気と恋の始めの弾む心が伝わってくるようです。

あからさまな写実ではなく、抽象的な表現によって情感に訴え、銘を付けることで伝えたいことを明かすのが、公家文化を基盤にした京のお菓子の真髄。亭主とお客が、曖昧さや含みをともに楽しむ素養と遊びごころを持つことで初めて成り立つ世界です。

「作る方も同じで、お客様の要望に応えるために、普段からアンテナを張って、歴史や和歌、謡《うた》い、芝居など、幅広い知識と素養を身に付けておくことが大事やと思うてます」

【仕事場】
多彩なお菓子が、すべて手作業で少しずつ作られていく。ここで修業を積み、技を習得して各地に巣立っていく職人も。

京菓子の文化を守り続ける

町も住まいも変わり、今では京菓子の背景にあるもてなしの文化を知る人が少なくなったと憂う山口さんですが、「どんな時代でも、京菓子の文化を伝統として守り、ほんまもんを作り続けることが菓子屋としての務め。京菓子をきっかけに、古き良き日本の文化に興味を持ってもらえたら嬉しいですね」。

甘さ控え目が当たり前のようにうたわれても決して迎合することなく、甘いことのおいしさを堅持する。その一方で、時代に合った新しい感覚を採り入れ、どこにもないものを創り出していくのも末富らしい在り方です。

それまでは使われることのなかった透明感のあるブルーで和菓子にモダンさを添えたほか、京野菜を組み合わせるという斬新な発想の野菜煎餅を生み出したのは先代でした。そして山口さんは、クラシック音楽をイメージした蒸菓子（上菓子）の創作に取り組んだり、和菓子にシャンパンを合わせるという新しい楽しみ方を提案するなど、持ち前のチャレンジ精神で京菓子の世界に新風を吹き込んでいます。

伝統と本物を誠実に継承しながら、未来を拓くことに力を尽くす。古都京都における老舗の姿がここにあります。

上右／大人も楽しめる工夫が凝らされた名物・野菜煎餅。堀川ゴボウや鞍馬の木の芽が上品なアクセント。左上／風格ある本店の佇まい。すべてのお菓子がここで作られる。引出物やオーダーメイドの受注もこちらで。左／講演活動など京菓子文化の啓蒙にも多忙な三代目主人・山口富藏さん。

和菓子を美味しくいただくために

知っておきたい〝抹茶〟のこと

監修＝田中仙融（大日本茶道学会 本部教場長）

日常に生かしたい茶道の心

何となく堅苦しくて難しそう、という印象があるかもしれませんが、茶道の目的は、専門知識や作法を身につけることではなく、お客様をもてなすことにあります。座敷を調え、お菓子を用意し、抹茶を点てる。一連の行為により、お客様と心を通わせるのが本来の姿です。

遣唐使によって大陸の文物が日本に運ばれてきた奈良から平安時代、茶は高僧や貴族だけが口にできる貴重なものでした。抹茶を飲む習慣が広く普及したのは、鎌倉時代のこと。その作法は、禅寺で修行の一環として、仏への感謝を形にあらわしたことが起源といわれます。

室町時代、村田珠光《じゅこう》が精神的な交流を重んじる簡素な茶の在り方を説き、それを継いだ堺の町衆・武野紹鷗《たけのじょうおう》、そして千利休によって、安土桃山時代、さらに哲学的な思考と審美性を備えた茶の湯の道、すなわち侘《わ》び茶の完成に至りました。茶の湯は武将に流行し、その後、大名茶人が活躍。たとえば松江藩七代藩主・松平治郷《はるさと》（不昧《ふまい》）は、松江に茶の湯の文化を根付かせ、不昧公好みと呼ばれる和菓子の数々を残しました。

江戸時代には、それまで武家や貴族など限られた人々のものだった茶道が中流の武士や豪商にも広がり、各流派が所作の様式を整えていきました。時代が移り、場所が変わっても、また、流派それぞれに少しずつ作法が異なっても、「穏やかな気持ちで相手と向き合い、お客様のための道具を大切に扱いましょう」という心は、今も大切に守られています。

茶道の所作には、すべて意味があり、理にかなったものです。

たとえば、抹茶をいただく前に茶碗を回すのは、茶碗の顔にあたる正面を避けて口を付けるための所作。正面という特別な見どころに敬意を払うということです。また、茶碗の高台脇に手をかけ、下から四指で持ち上げるのは、茶碗を水平に丁寧に取り上げるため。その結果、茶碗と指の間に空間が生まれ、茶碗も手付きも美しく見えるのです。

「所作は自然と目に候《そうら》わぬように」という武野紹鷗の言葉にあるように、自分が前に出過ぎることなく、抹茶を点ててくれた主人や同席の方にも、目に触らないようふるまうことが大切。細やかな心遣いに触れる喜びはいつの時代も変わりません。

茶席のお菓子は、抹茶を美味しくいただくためのものです。抹茶には、薄く泡が点ててある一碗をひとりでいただく薄茶と、数人で回し飲む濃茶があり、正式な茶事では、濃茶には主菓子（生菓子）が、薄茶には干菓子が出されます。今は主菓子が薄茶のお菓子とされることが多くなりました。お菓子のいただき方に決まりはありません。懐紙《かいし》や黒文字《くろもじ》の使い方を知っておくとよいですが、何よりまず、その味をじっくり楽しむことを心がけましょう。

抹茶やお点前《てまえ》はもちろん、心を込めて準備してくれた季節の和菓子、趣向を凝らした設えなど、空間の中のすべてが、招き招かれる心を結び、和やかな時間をつくる役割を担っています。心づくしのもてなしを、五感で楽しみながら味わうこと、感謝の気持ちをもってそれらを愛で敬うことの意義深さを、今に伝えているのが茶道です。相手の温かい心遣いに気付き、人や物にやさしく接する茶道の心を、茶席を離れた日常にも応用したいものです。

お菓子のいただき方

懐紙とは二つ折りにした和紙のこと。皿や包み紙になるなど使い道が多様なので携帯しておくと便利です。黒文字（楊枝）は本来、お客のために亭主がそのつど黒文字という木の枝を削って作るものでした。

1 懐紙を取り出し、輪を手前にして器の前（畳の縁内）に置く。

2 黒文字を使って菓子を懐紙に移す（ア）。黒文字が一本の場合は刺して、二本の場合は箸の様に使って取る。

3 黒文字を器に戻し、皿を片づけてくれる方に対して正面を向こうに（180度）回しておく。

4 懐紙を持ち上げ、中に挟んでおいた菓子切りを取り出し、菓子を食べやすい大きさに切っていただく（イ）。あまり小さく切らず三つか四つに切っていただく。

5 いただき終えたら、菓子切りを懐紙で拭いて元に戻す。

6 使った懐紙だけを、菓子くずが畳に落ちないよう下から上へ折りあげ、小さく畳んで着物の袂にしまう（ゴミは持ち帰る）。

抹茶（薄茶）のいただき方

1 点ててくれた方に「お点前ちょうだいします」と挨拶をする。

2 高台脇に右手の四指を掛け、下から茶碗を持ち上げ（ア）、左手のひらにのせ（イ）、右手の親指を割って持つ（ウ）。軽く頭を下げる。

3 茶碗の向こうの縁を右手の親指と人差し指でつまみ、右へ約90度回す（エ・オ）。人差し指には残りの三指も添えて見た目も美しく。

4 一口飲んで「お服加減結構です」や「美味しゅうございます」などと軽く右手の指先を畳について挨拶をする。茶碗が上下に動かないように注意。

5 残りの抹茶を何口かで飲み、最後はすっと息を吸い込むように音をさせて飲み切る。音のたてすぎにも注意。

6 飲み終えたら、飲み口を右手の人差し指と親指で挟んで左から右へ静かに拭き（カ・キ）、その指先を着物の胸元の懐紙でそっとぬぐう。

7 茶碗の前縁に右手の親指を当てて、四指を下にして持ち、時計と反対周りに90度回す（ク）。これで正面が自分の前に戻る。右手で畳に戻す（アと同じ持ち方で）。

抹茶の点て方

まずは茶碗と抹茶と茶筅（ちゃせん）があれば大丈夫。茶筅は穂先が80本くらいのものがよいでしょう。

1 抹茶は点てる直前に茶こしなどでふるって茶の塊をほぐしておく。

2 抹茶を茶杓で二杓入れる（ア）。ティースプーンなら軽く1杯（1.2g～1.7g）。

3 70～80度のお湯を40～60cc注ぐ。ポットややかんの湯はそのままだと熱いので別の容器に移し替えてから注ぐとよい。

4 茶筅を上から親指と中指の第一関節あたりで持つ。人差し指は軽く伸ばし、他の二指は中指に添える。

5 沈んでいる抹茶の粉と湯をなじませるため、茶筅の先を茶碗の底に軽く当て、小さく二、三振りする。

6 茶筅を少し浮かせ、大きく七、八振りする（イ）。振る向きを変えて四、五振りし、十分に茶が混ざったら、茶筅の穂先を小さく細かく動かして、表面にできた大きな泡を整える。

7 最後に大きく「の」の字を書くよう一周させてから、茶筅を少し手前に傾け中央から抜く（ウ）。泡が中央でふっくら盛り上がって仕上がる（エ）。

新世代の和菓子

老舗の新たな挑戦

山形　乃し梅本舗　佐藤屋

八代目　佐藤慎太郎さん

江戸後期の文政4（1821）年、出羽三山詣でで賑わう山形の宿場町に創業した「乃し梅本舗 佐藤屋」。裏ごしした梅を寒天で固めて竹の皮で包んだ「乃し梅」の元祖であり、昔ながらの手作業による製法を守り続ける、山形を代表する銘菓として知られています。

「よく、地元の銘菓だよね、って言われるんです。でも最近お口にしました？と聞くと言葉に詰まる。どれだけ名前が売れていても、実際に召し上がってもらわないことにははじまらない。これまでは、裾野を広げる活動をしてこなかったんですよね」

八代目を継ぐ佐藤慎太郎さんは、大学卒業後、京都の老舗和菓子店での5年半の修業を経て帰郷。職人として板場に立つなか、今という時代に立脚した和菓子のあり方を考えるようになります。伝統に抗うのではなく、現代の技術やアイデアを加えることで、新しい可能性を見つけたい。試行錯誤や失敗を繰り返しながらも、熱い情熱で邁進してきました。

佐藤慎太郎さん

1979年山形生まれ。「乃し梅本舗 佐藤屋」現八代目。スポーツ三昧の学生時代から一転、家業を継ぐため和菓子の道へ。老舗和菓子店の若主人が集まる「本和菓衆」のメンバーとしても活躍。

＊価格は税込。
＊店舗情報はP123を参照。

上／「嘯風」（1棹2160円）。真っ白な上南羹を、雪化粧をした山々に見立てて。右／ラム酒の香り高い「うしお」（1棹1296円）は、吟醸酒などフルーティなお酒と相性が良い。左／素早い手つきで次々と上生菓子が作られていく。下2点／地元の芸術大学の学生が作る器とコラボレーションした「波の花」。

昨年生まれた新作のひとつは、卵白をメレンゲ状に泡立てた淡雪羹《あわゆきかん》がベースの「うしお」。甘味が強く今はあまり好まれなくなった和菓子ですが、砂糖、卵白、寒天という本来の素材はそのままに、フランス菓子のギモーブに使われる手法を取り入れ、甘さを控えた仕上がりに。そこにエッセンスとしてラム酒と愛媛・怒和《ぬわ》島産のレモンの蜜漬を加えることで、香りと酸味、皮の渋味まで楽しめる、かつてない淡雪羹となりました。

百貨店のバイヤーから、乃し梅を使って新しい梅の銘菓を作りませんか、との声を受けて誕生したのが「嘯風《しょうふう》」。菓銘は、自然の風景を楽しみ、風流を愛する意を持つ「嘯風弄月《ろうげつ》」という言葉から。山形だからこそできる生き方だと、かねてより心に留めていたといいます。さっぱりとした乃し梅の上には、もちっとした米粉の羊羹・上南羹をあわせ、不規則なギザギザ模様でこの地の山並みを表現。せっかくなら、ここでしかできないものにしたいと、梅農家はもちろん、流し型の板金職人や包丁職人、題字の書家まで自ら交渉に奔走し、「オール山形」を実現。八代目のこだわりが詰まった自信作です。

白あんと寒天を使った和風チョコレートに乃し梅をのせた「たまゆら」など新作も続々。また上生菓子にも力を入れ、お皿やシーンに合わせた完全オーダーメイドも実施。伝統の技とみずみずしい感性を融合させ、わくわくするような和菓子の今を紡ぎ出しています。

店頭に立つ際は、お酒との相性など、ちょっと違う楽しみ方を提案することも。

「ワインもいいけど、焼酎と合わせてみたらすごくおいしかったよ、なんて声をかけていただくことも。誰よりもお客さんが、柔軟に和菓子を楽しんでくれている気がします」

今、注目のニュースタンダード

＊価格は税込。
＊店舗情報はP122〜125を参照。

東京

wagashi asobi

身近な食材を用いて、まっすぐなおいしさを追究

東京・大田区の商店街の一角にあるwagashi asobiは、稲葉基大さん、浅野理生さんによる創作和菓子ユニット。老舗和菓子店での職人時代から個人的な立場で創作活動を続け、「伝統の技術を使い、自由な発想で和菓子を作りたい」との思いで2011年に独立、自分たちのアトリエを構えました。

基本となる商品は2種類。稲葉さんが手がける「ハーブのらくがん」は、色粉の代わりにローズマリーやカモミール、ハイビスカスなどの粉末を

ハーブのらくがん

混ぜ込んでいます。口溶けのよさにこだわり、従来の上白糖ではなくきめの細かい砂糖を使用。香料や着色料は一切使用しておらず、素材そのものの香りと味が引き立ちます。

浅野さんの作る「ドライフルーツの羊羹」は、苺とイチジクのドライフルーツ、クルミがまるごと入った、食感も楽しい一品。パンに合う和菓子を、との依頼を受けて提案したもので、あんに西表産の黒糖とラム酒を入れて炊き上げて。和洋の垣根を越えた、奥行きのある味わいが魅力です。

「決して奇をてらっているのではなく、和菓子に何ができるか、その可能性を探っていきたい」と語る稲葉さん。和菓子の今と未来を見つめる2人の活動に、ますます期待が高まります。

＊ハーブのらくがん（右からローズマリー、ハイビスカス、苺）1種類4粒入り360円（ほかにカモミール、柚子、抹茶あり）。
ドライフルーツの羊羹　1棹2160円。

ドライフルーツの羊羹

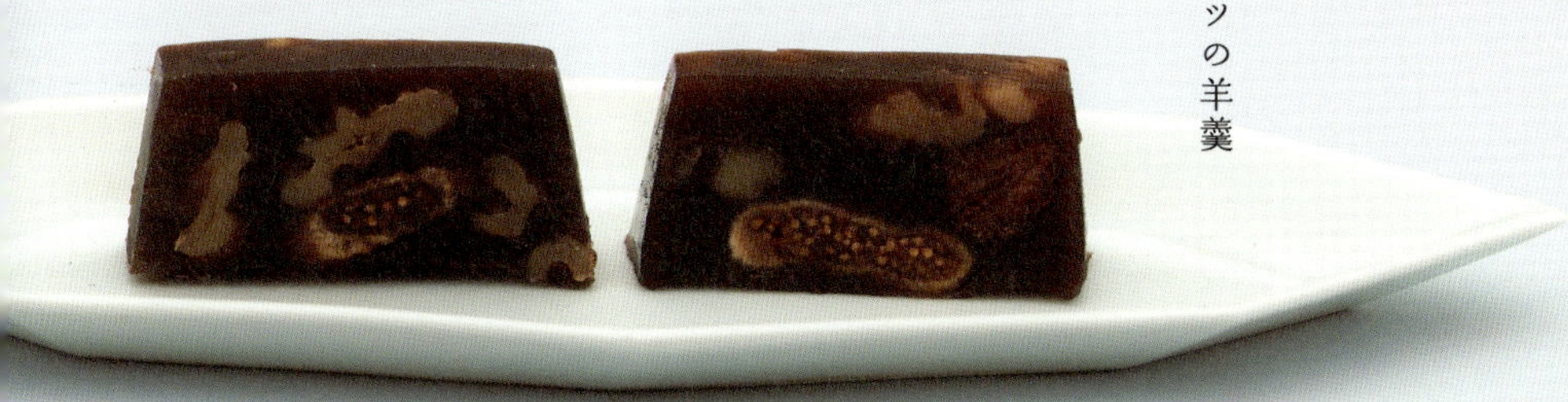

富山

薄氷本舗

五郎丸屋

五味五色をテーマに伝統銘菓をアレンジ

T五《ティーゴ》

水彩パレットのような色合いと意味深なネーミングがいわくあり気なこちらの和菓子は、260年以上の伝統をもつ当店の銘菓「薄氷」を現代風にアレンジしたもの。富山のもち米を使った薄い煎餅に和三盆を塗った薄氷の技法を生かしつつ、桜、抹茶、柚子、和三盆、胡麻という5つのフレーバーをプラス。ふわっとした口溶けで、塩味、酸味、苦味など、それぞれの味わいが広がります。十六代の渡辺克明さんが考案、富山のT、五行、五味五色など、さまざまな意味が込められています。紅茶、加賀棒茶も北陸限定で販売。

＊T五(5枚入り)756円。T五 加賀棒茶、紅茶(各5枚入り)864円。

石川 落雁

諸江屋

チョコ×生落雁という組み合わせの妙

千《ち》代《よ》古《こ》禮《れい》糖《とう》&美人

京都、松江と並ぶ日本三大菓子処のひとつ金沢。嘉永2(1849)年創業、落雁の老舗が手がけるのは、生落雁に羊羹を挟んだ代表銘菓「加賀宝生」をベルギーのクーベルチュールでコーティングしたチョコレート落雁。実は50年ほど前に一度商品化され評判を呼んだものに、新たな研究を重ねての再お目見えです。一見ショコラ、でも口にするとしっとりとした生落雁の味わいが広がり、最後に残る羊羹の余韻は和菓子そのもの。ブラックとホワイトチョコレートの2種類をパッケージ。東京・KITTE GRANCHE店で限定販売。

*6個入り1080円。

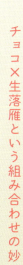

岐阜

田中屋せんべい総本家

味噌×キャラメルにほんのり塩味を効かせて

創業安政6（1859）年。現在六代目を継ぐ田中裕介さんは、大阪で煎餅づくりを学んだ初代が考案した「みそ入大垣せんべい」と、キャラメルペーストという洋素材の融合に挑戦。東京・学芸大学の洋菓子店「パティスリーリュードパッシー」のシェフの助言を受け、一枚ずつ手焼きした生地の表面にキャラメルを塗り、オーブンで再度焼くという方法に辿り着きました。生地に練り込んだ味噌と表面にふりかけたゲランドの塩味がキャラメルの甘さと混ざり合う、まさに唯一無二の味。ハードな食感も癖になりそうです。その他、さまざまな素材の煎餅を提案。

＊キャラメル煎餅まつほ（1枚）248円、ココナッツ煎餅（60g）401円、ミント煎餅（45g）324円。

キャラメル煎餅　まつほ

ココナッツ煎餅

ミント煎餅

第四章

手土産・おやつ案内

覚えておきたい逸品

羊羹

＊P102～121の価格はすべて税込。

「羊羹」と聞いて、まず思い浮かぶのは「小豆を砂糖で甘く煮詰めたあんを寒天と溶き合わせて煉り、型に流し込んで固めた和菓子」ではないでしょうか。しかし、鎌倉時代、禅僧によって日本に伝えられた当時は、羊の肉や内臓を煮こんでつくった高価なスープのことでした。それが、肉食を禁じられた禅僧のために、植物性の素材を用いた精進料理としてアレンジされ、やがてお菓子に姿を変えたのです。室町時代の文献によると、当時の羊羹は葛を使い蒸して仕上げた、いまの蒸羊羹に近いもの。煉《ねり》羊羹の製法が確立されたのは寒天が発見された江戸時代のこと。そのきめ細やかさから全国に広まり、現在では主流になりました。

東京・赤坂

とらや

夜の梅

お使いものの羊羹として名高い、定番中の定番

切り口に現れる、夜の闇にほの白く咲く梅花を想わせる小豆。元禄7（1694）年に初めて記された古い菓銘で、羊羹としては文政2（1819）年の記録が最初とされます。長野や岐阜で作られる天然糸寒天をはじめ、原材料にこだわり、あん炊きから煉り、固めるまで、完成には3日をかけます。その味わいはただ甘いだけでなく、深みと奥行きとが身体中に染みわたる濃厚なもの。味わった後、お茶を一口含んでも余韻を響かせます。大棹から小形まで4サイズあり、とらやを代表する商品となっています。賞味期限は未開封で製造から1年。

竹皮包羊羹1本　2808円

東京・向島

青柳正家
栗羊羹

中の大粒栗が透けて浮かぶ
なめらかに澄んだ羊羹

黄金色の大粒栗が見えるくらいに淡く透き通る小豆あん。手間を惜しまず丁寧に灰汁を取りながら作られる証です。存在感たっぷりの栗は、黒文字で小気味よく切れるほど柔らかく蜜漬けされた高級品種の銀よせ栗。どこで切り分けても現れます。この上品な甘さの真髄を堪能するには、ぜひ渋めの緑茶と合わせて。屋号の〝青柳〟に連なる〝正家〟の二文字は、昭和24（1949）年の第一回全国銘菓奉献結成式典の折、元公爵の一條実考公から賜ったもの。宮家献上の味と信条を守り続けている、どちらへ持参しても、驚きをもって喜ばれる佳品です。

1棹　3996円

佐賀・小城

村岡総本舗
特製切り羊羹

日が経てば表面に糖をまとい
シャリ感も加わる食感の妙

創業は明治32（1899）年。あんを寒天と煉って箱型に流し込んで一昼夜ねかせるという、江戸時代に確立された煉羊羹の製法を長崎の職人に習って作り始めたそう。特徴は何といっても、切り立てのみずみずしさ、日が経つにつれ表面が糖化してシャリ感が増すこと。そのわけは竹の皮と経木で羊羹を包んでいるから。賞味期限も、密封式包装なら半年から1年のところ、夏季で13日、冬季でも20日と比較的短め。小倉に本煉、紅煉《べにねり》（写真）、挽茶、きびざとう、青えんどうの全6種。いろいろな味を楽しめます。

1本（250g）800円
＊「青えんどう」のみ900円

饅頭

饅頭も羊羹同様に中国から伝わり、最初は小麦粉の皮に肉や野菜を詰めたものでした。小豆のあんが入ったお菓子としての饅頭の誕生には二説あって、ひとつは13世紀に宋から帰国した僧、聖一国師《しょういちこくし》による酒饅頭、もうひとつは14世紀に来日した林浄因《りんじょういん》が肉食が禁じられている禅僧のために作った饅頭です。以降、大和芋を皮の素材に使った薯蕷《じょうよ》饅頭など、多種多様な饅頭が考案されてゆきます。甘い饅頭は高価なため、かつては公家や僧侶、武家など限られた階級の人たちだけのものでしたが、江戸も後半になるとようやく庶民の口にも入るように。素材や形状、ご当地にちなんだものなどもあり、ポピュラーな和菓子のひとつです。

東京・明石町

塩瀬総本家

本饅頭

徳川家康が長篠の合戦の時
兜に盛って軍神に備えた饅頭

室町時代、初めてあん入り饅頭をつくったとされる林浄因を初代にもつ塩瀬総本家の歴史は、そのまま日本の饅頭の歴史と重なります。薯蕷饅頭が代々の看板商品ですが、7代目の林宋二の創案した本饅頭も名物のひとつ。かつては徳川家康のためだけに作られたとも伝わっています。あん玉は、豆の形を崩さずに煮て蜜漬けした大納言小豆を、別づくりの小豆こしあんに加えたもの。それを小指の先ほどの量の秘伝の生地でごく薄く包み、蒸し上げるとなんと透明な皮に。艶やかな姿と上品な口当たりに、繊細な熟練の職人技が感じられる、饅頭のきわみです。

1個　432円

饅頭

東京・新宿

花園万頭

花園万頭

手仕事だからこそでき得る東京で長く親しまれる銘菓

祖は天保5（1834）年に金沢で創業した老舗の和菓子店「石川屋本舗」。明治39（1906）年、3代目の石川弥一郎が上京して店を構えました。青山、赤坂を経て昭和5（1930）年に加賀前田藩の御用地だった新宿に移って新たに開業、近くの花園神社にちなんだ万頭を発売して屋号も改めたのでした。当時からの変わらぬ人気は、今なお製法を忠実に保っているから。こしあんは四国和三盆糖を加えてなめらかに仕上げ、千葉県産大和芋の薯蕷生地で俵型に包んだ万頭はすべて手作り。竹皮を模した可愛らしい個包装で、数量も限定の店頭販売のみです。

1個　378円

東京・人形町

玉英堂彦九郎

玉饅（ぎょくまん）

五色のハーモニーは
お祝いごとにも最適

正式名は〝お宝饅頭〟。大ぶりの饅頭を二つに切り分けると、そこには鮮やかな五色の層が。中心の一粒栗を3種のあん（粒あん、紅く染めた白あん、うぐいすあん）で順に包み、最後に薯蕷生地で覆った見事な美しさ。そして味わいも絶妙。噛むほどに甘みと風味の異なるあんが口の中で和してまた新たな味覚が感じられます。玉英堂《ぎょくえいどう》は天正4（1576）年に京都で創業したと伝わる老舗。昭和26年東京にも出店したものの、東西で味に差が生じると考えて東京に一本化。場所は変われど京菓子の味と製法を守っています。皮とあんの色は用途に合わせて調製も可。

1個　680円

大福

文字を見るだけでもほんわか幸せな予感がして、ほおばると思わず笑みがこぼれてしまう。大福は、そんな魅力を秘めたお菓子。原点は江戸時代のあん入りの餅菓子で、かなり大振りでふっくらした姿が鶉《うずら》を想わせることから鶉焼と呼ばれていたそう。一つで満腹になるから〝腹太餅〟とも。そして寛政年間（１７８９〜１８０１）、腹太餅をあたためたものを大福餅の名で売って広まった…、これが今の大福につながるのです。スタンダードもさることながら、今や主流ともなっている、餅に赤えんどう豆を搗き込んだ豆大福、よもぎを使った草大福、さらにミスマッチが妙味の苺大福などバリエーションも味わいも豊富。

東京・護国寺

群林堂

豆大福

小豆、もち米、赤えんどう。文人も好んだ厳選素材の大福

大正5（1916）年の創業からおよそ100年の老舗の屋号は、たくさんの人が集まるように、とつけられたもの。その思いの通り、行列が絶えず、午後早くには売り切れることも。人気の理由は、2代目の池田正一さんが先代の素材と製法へのこだわりをしっかりと継承しているからです。あんは北海道十勝産の小豆で、赤えんどうは富良野産、もち米は佐賀県産ヒヨクモチ。豆たっぷりのやわらか餅が、甘みのよく広がるしっとりやさしいつぶしあんを包んでいます。三島由紀夫や松本清張らをも魅了した味は、今も変わらず手みやげの定番です。

1個　170円

東京・高輪

松島屋

豆大福・草大福

絶妙な薄さの皮で包まれた甘さひかえめのズッシリあん

大正7（1918）年創業。甘党だった昭和天皇が皇太子の頃に好んで召し上がったというエピソードもある豆大福の店。赤い暖簾と紅白のたて縞の庇《ひさし》がとても親しみやすい雰囲気です。「敷居を高くしてはいけない」という先代の教えを律儀に守る、店主の文屋弘さんのあたたかな応対にも癒されます。塩っ気のきいた薄目のもち皮の中に、甘さを抑えた粒あんがぎっしりと詰まった豆大福や草大福は、素朴ながらたしかな味わい。もち米は宮城県産みやこがね、赤えんどうは北海道富良野産、小豆は石狩産。親しい人を訪ねるとき、心づくしにどうぞ。

1個　170円（豆大福、草大福とも）

京都・出町柳

出町ふたば

名代豆餅

大原女や帝大生にも愛された懐かしくもやさしい京の名物

ふんわり丸いお餅からうっすら顔をのぞかせる赤えんどう。その姿がたまらなく可愛い「名代 豆餅」は、この店の看板。かつて大原女《おはらめ》もおやつにした昔ながらの名物です。「毎日でも食べたい」と京都人が列をなす理由は、餅米の代表銘柄「滋賀羽二重糯《もち》米」をはじめ選りすぐりの素材と、明治32年の創業当時から変わらぬ製法にあります。下ごしらえには手間をかけ、仕上げは手際よく。熟練の技が作り上げる柔らかなお餅は、豆のほどよい塩加減とあっさり味のあんが絶妙に調和し、一口で虜に。鴨川の畔で出来たてをほおばるのが最高に幸せとの声も。

1個　175円

どらやき

その昔、武蔵坊弁慶が、手傷を追った際に民家で受けた治療のお礼に、水で溶いた小麦粉を熱した銅鑼《どら》で焼き、その生地にあんを包んで振る舞ったのが発祥…。そんな説をはじめ、各地にさまざまな起源説が伝わるどら焼き。江戸時代は一枚の皮を折り畳んでいましたが、現在の二枚の生地に挟む形は大正2年創業、東京・上野の和菓子屋「うさぎや」が考案したとか。西洋のホットケーキに影響されたといわれるカステラ風のふわふわの生地が人気を呼び、瞬く間に全国へ広まりました。関西で「三笠焼き」や「三笠まんじゅう」と呼ばれるのは、奈良県の春日山の総称で知られる、なだらかな三笠山に形状が似ているのが由来です。

東京・上野

うさぎや

どらやき

甘みがしっかり味わえる昔ながらのどら焼き

創業者の干支にちなんでつけられた店名「うさぎや」。日本橋、阿佐ヶ谷にも親族による同名の店舗がありますが、それぞれ独自の味を追求しています。発祥となるここ上野の店は、レンゲ蜂蜜を加えた生地をさくっとなる様に片面からのみ焼き、そこへ粒をしっかり残しながら柔らかく炊いた十勝産小豆の粒あんを挟んでいます。きちんと手ごたえのある甘みと、しっとりした生地の一体感が絶妙な、昔ながらの味わいです。客足が絶えることなく、一日に何度も焼かれるため、お店で手に取るとほっこり温かいのもうれしいところ。暖簾の上で出迎えてくれる白いうさぎが目印です。

1個　205円

どらやき

東京・浅草

亀十

どら焼

焼き色が食欲をそそる
日本人好みのシンプルな味

大正末期創業。浅草雷門で庶民の味を守り続ける亀十の名は、甘味好きでなくても知る名店。あえて焼きムラをつけた皮は、長年の経験が生み出す職人技。シフォンケーキのようなふわふわ感は、一度食べたら忘れられない味と人気です。コクのある小豆の粒あんと手亡豆《てぼうまめ》によるクリーミーな白あんの二種。どちらも北海道の十勝産で、甘さ控えめに仕上げ、豆本来の味わいを感じることができます。軽い食感の皮との相性も抜群で、直径約10センチの大きさもあっという間に完食。ため、贈られて喜ばれること間違いなしの逸品です。

1個　325円

東京・東十条

草月

黒松

下町の老舗から生まれた
黒糖薫るクセになる味わい

初代店主によって昭和33年に考案されたのが黒松。まだら模様の焼き目が入った生地が、黒松の幹を思わせることからその名がついたとのこと。細かい気泡が入った、ふんわりとやさしい口当たりの皮は、蜂蜜のまろやかな甘さと黒糖の風味が醸し出す独特な味わいが評判です。挟むあんの甘さも控えめなので生地の美味しさが際立ち、日本茶だけでなくコーヒーや紅茶とも好相性。夏場で2～3日、冬場で4～5日の日持ちで、小振りな大きさとお手頃な値段が、ちょっとした手みやげにも最適です。夕方過ぎには売り切れてしまうことも。

1個　108円

だんご

平安時代の世相や文化を記した藤原明衡による書物『新猿楽記』に「団子」という名称が登場するほど、団子は古くから日本人に親しまれていました。欠けた米や屑米、粟やキビといった雑穀を蒸かして丸めた団子は主食の代用や保存食として重用され、手軽に食べられる竹串に刺した串団子は室町時代に誕生しています。一個一銭という考え方から、関東で多く見られるひと串に四個の串団子は、江戸時代に四文銭が流通していたことが発端とか。かたや関西では五個の団子を串に刺すのが主流。こちらは下賀茂神社の団子を人形に模す礼法に従い、五個の団子で頭部と四肢を表したことが始まりといわれています。

東京・向島

言問団子

言問団子

竹久夢二もご贔屓だった目にも美しい三色のお団子

北海道十勝産のふじむらさき小豆のあん、同じく十勝産の手亡豆《てぼうまめ》の白あん、そして白あんに京都の白味噌と新潟の赤味噌を加えた味噌あんの三種。小豆あん、白あんは、上新粉の団子をあんで包んでいますが、味噌あんのみクチナシで黄色に染めた求肥であんを包んであり、もちっとした食感と味噌の風味が味わいのアクセントになっています。創業は江戸時代末期。多くの文人も口にした「言問団子」の名は、在原業平が隅田川のほとりで詠んだとされる和歌に創業者が感銘を受けたことから。丁寧に手で丸めた愛らしい形と彩りに、箱を開けた時のうれしさも格別。

6個入り　1260円
店内お茶付き3個　630円

東京・日暮里

羽二重団子

羽二重団子

つやつやした光沢と粘り しこしこの歯触りも楽しい

夏目漱石の『我が輩は猫である』に登場する芋坂の団子。司馬遼太郎の『坂の上の雲』で主人公が立ち寄る「藤ノ木茶屋」の一文。多くの小説に登場する羽二重団子は、江戸時代の文政2年、現在の東日暮里の地に茶屋として創業。街道を往来する人々に供した団子が、羽二重のようになめらかできめ細やかだと賞されたのが始まりです。よく吟味した米の粉を時間をかけて丁寧について、球形ではなく平たく丸めているのが特徴。昔ながらの生醤油の焼き団子と渋抜きこしあん団子の二種類。どちらも素材の味を生かした、素朴な味わいが魅力です。

1本　270円

京都・下鴨

加茂みたらし茶屋

みたらし団子

黒砂糖ベースのたれが
柔らかなだんごと溶け合う

京都の下鴨神社の境内にある小さなみたらし池。京都三大祭りの一つ、葵祭りの主役・斎王代が祭の前日、禊を行う由緒正しきこの池から湧き出る水泡を模したのが発祥の「みたらし団子」。神前に供えるために氏子の家庭で作られていましたが、今のような砂糖醤油のタレ（葛あんかけ）を発案したのが、加茂みたらし茶屋です。軽くあぶった団子に黒砂糖を用いたコクのあるタレがたっぷりとかかり、その見た目と相反する実にあっさりとした味わい。人体を表す五個の団子の、頭部に当たる一番先の団子に間をあけているのもこの店のオリジナルです。

店内お茶付き3本　420円
お持ち帰り5本　590円

掲載店リスト

＊掲載したお菓子は、取り扱い時期が限られるもの、
予約が必要なものもあります。
詳しくはお店へお問い合わせください。
（データは2015年1月現在のものです）

あ

青柳正家 ………………………… P104
東京都墨田区向島 2-15-9
03-3622-0028

うさぎや ………………………… P115
東京都台東区上野 1-10-10
03-3831-6195

か

亀十 ………………………… P116
東京都台東区雷門 2-18-11
03-3841-2210

加茂みたらし茶屋 ………………………… P121
京都府京都市左京区下鴨松ノ木町 53
075-791-1652

玉英堂彦九郎 ………………………… P109
東京都中央区日本橋人形町 2-3-2
玉英堂ビル 1F
03-3666-2625

群林堂……………………………………………P111
東京都文京区音羽 2-1-2
03-3941-8281

言問団子………………………………………P119
東京都墨田区向島 5-5-22
03-3622-0081

五郎丸屋………………………………………P98
富山県小矢部市中央町５－５
0766-67-0039

さ

さゝま……………………………………………P9、14、15、27
東京都千代田区神田神保町 1-23
03-3294-0978

佐藤屋……………………………………………P92
山形県山形市十日町 3-10-36
023-622-3108

塩瀬総本家……………………………………P107
東京都中央区明石町 7-14
03-3541-0776

塩野………………………………………………P8、16、25、27
東京都港区赤坂 2-13-2
03-3582-1881

末富………………………………………………P12、13、18、22、28、49、77
京都府京都市下京区松原通室町東入
075-351-0808

草月……P117
東京都北区東十条 2-15-16
03-3914-7530

た

田中屋せんべい総本家……P100
岐阜県大垣市本町 2-16
0584-78-3583

蔦屋……P36
長崎県平戸市木引田町 431（按針の館）
0950-23-8000

鶴屋吉信……P10、20、21、28
京都府京都市上京区今出川通堀川西入
075-441-0105

出町ふたば……P113
京都市上京区出町通今出川上る青龍町 236
075-231-1658

とらや　赤坂本店……P23、24、26、28、45、68、103
東京都港区赤坂 4-9-22
03-3408-4121

は

花園万頭……P108
東京都新宿区新宿 5-16-15
03-3352-4651

羽二重団子 P120
東京都荒川区東日暮里 5-54-3
03-3891-2924

ま

松島屋 P112
東京都港区高輪 1-5-25
03-3441-0539

村岡総本舗 P105
佐賀県小城市小城町 861
0952-72-2131

諸江屋（KITTEグランシェ店） P99
東京都千代田区丸の内 2-7-2
JP タワー KITTE グランシェ B1
03-3217-2023

わ

wagashi asobi P96
東京都大田区上池台 1-31-1-101
03-3748-3539

参考文献

『江戸時代の和菓子デザイン』中山圭子　ポプラ社
『お江戸東京極上スイーツ散歩』PHP 研究所
『菓子司・末富 京菓子の世界』世界文化社
『京都のおいしい和菓子』平凡社
『決定版 和菓子教本』誠文堂新光社
『今月使いたい茶席の和菓子 270 品』淡交社
『事典 和菓子の世界』中山圭子　岩波書店
『だんごや 大福帳』里文出版
『茶趣の和菓子』婦人画報社
『茶席で話題の銘菓』世界文化社
『虎屋－和菓子と歩んだ五百年』黒川光博　新潮社
『人と土地と歴史をたずねる 和菓子』中島久枝
柴田書店
『まんじゅう屋繁盛記 塩瀬の六五〇年』川島英子
岩波書店
『和菓子』グラフィック社

P7・29・51・101 扉絵「餅菓子即席増補手製集」
(公財)吉田秀雄記念事業財団 アド・ミュージアム東京所蔵

執筆

青木直己　あおき・なおみ
1954 年東京生まれ。立正大学大学院博士課程満期退学。和菓子を中心に食文化史の調査研究を行う。虎屋文庫顧問、東京学芸大学非常勤講師、日本菓子専門学校講師等を勤める。著書に『図説 和菓子の今昔』(淡交社) など。

金塚晴子　かねづか・はるこ
青山学院大学卒業。東京製菓学校和菓子課卒業後、1987 年より注文菓子製作を始める。2000 年に和菓子教室「和菓子スタジオへちま」を開設し、美味しくわかりやすいレシピが人気を博す。著書に『和菓子とわたし』(淡交社) など。

田中仙融　たなか・せんゆう
聖心女子大学卒業。大日本茶道学会本部教場 教場長。3 歳より先代教場長の祖母、現会長の父・田中仙翁から茶の手ほどきを受け、現在、全国で茶道・茶花指導、講演を行っている。著書に『はじめての茶道』(中央公論新社) など。

写真

二石友希　川隅知明　山口卓也

取材・執筆協力

伊藤英理子　谷口馨 (ワーズ)

デザイン

佐藤のぞみ (ish)

Afterword

Can you introduce people to the things that give Japan its charm?

What is appealing about Japan to you?

Once, Japan was known around the globe as an economic great power, but in more recent years there have been visible moves to emphasize the attractions of the country's culture to the outside world. Furthermore, people elsewhere have likewise been demonstrating great interest in Japanese culture these days.

Japan has a rich natural environment with a beautiful landscape that shows off the changing seasons. This combination has produced so many charming features that have been carefully maintained over the centuries that one could never count them all, spanning food, techniques of craftsmanship, performing arts, observances, and customs. The "soul" that our forerunners nurtured likewise remains a robust presence.

Some of the things that are a matter of course to we who were born and have grown up in Japan may even seem mysterious to non-Japanese. In that light, we ourselves want to first take a fresh look at what's appealing about Japan's natural environment and culture, learn it anew, and then pass on what we have learned down the generations and out into the wider world. That sentiment has been infused into the *Nihon no tashinami-cho* [Handbooks of Japanese taste] series.

It is our hope that this series will present opportunities for the lives of its readers to become more healthy and enjoyable, enrich their spirits, and furthermore for taking a fresh look at their own cultures.

編集制作
株式会社アダック

装幀
宇賀田直人

表紙カバー・帯図案
榛原聚玉文庫所蔵　榛原千代紙「丸紋花づくし」

英訳
Carl Freire

日本のたしなみ帖
和菓子

２０１５年２月27日　第１刷発行
２０１５年３月31日　第２刷発行

編者――『現代用語の基礎知識』編集部

発行者――伊藤滋
発行所――株式会社自由国民社
東京都豊島区高田３-13-10
０３-６２３３-０７８１（営業部）
０３-６２３３-０７８８（編集部）
０３-６２３３-０７９１（ファクシミリ）

印刷――株式会社光邦
製本――新風製本株式会社